上海市工程建设规范

装配整体式混凝土结构施工及质量验收标准

Standard for construction and quality acceptance of
assembled monolithic concrete structure

DG/TJ 08—2117—2022
J 12259—2022

主编单位：上海建工集团股份有限公司
　　　　　上海市建设工程安全质量监督总站
　　　　　上海隧道工程股份有限公司
批准部门：上海市住房和城乡建设管理委员会
施行日期：2023 年 4 月 1 日

U0250655

同济大学出版社

2024　上海

图书在版编目（CIP）数据

装配整体式混凝土结构施工及质量验收标准 / 上海
建工集团股份有限公司，上海市建设工程安全质量监督总
站，上海隧道工程股份有限公司主编. —上海：同济大
学出版社，2024.7
　　ISBN 978-7-5765-1055-3

　　Ⅰ. ①装… Ⅱ. ①上… ②上… ③上… Ⅲ. ①装配式
混凝土结构-装配式构件-工程验收-标准 Ⅳ.
①TU37-65

中国国家版本馆 CIP 数据核字（2024）第 024287 号

装配整体式混凝土结构施工及质量验收标准

上海建工集团股份有限公司
上海市建设工程安全质量监督总站　主编
上海隧道工程股份有限公司

责任编辑　朱　勇
助理编辑　王映晓
责任校对　徐春莲
封面设计　陈益平

出版发行　同济大学出版社　　www. tongjipress. com. cn
　　　　　（地址：上海市四平路 1239 号　邮编：200092　电话：021 - 65985622）
经　　销　全国各地新华书店
印　　刷　浦江求真印务有限公司
开　　本　889mm×1194mm　1/32
印　　张　3.875
字　　数　97 000
版　　次　2024 年 7 月第 1 版
印　　次　2024 年 7 月第 1 次印刷
书　　号　ISBN 978-7-5765-1055-3
定　　价　40.00 元

上海市住房和城乡建设管理委员会文件

沪建标定〔2022〕654 号

上海市住房和城乡建设管理委员会
关于批准《装配整体式混凝土结构施工及质量
验收标准》为上海市工程建设规范的通知

各有关单位：

由上海建工集团股份有限公司、上海市建设工程安全质量监督总站、上海隧道工程股份有限公司主编的《装配整体式混凝土结构施工及质量验收标准》，经我委审核，现批准为上海市工程建设规范，统一编号为 DG/TJ 08—2117—2022，自 2023 年 4 月 1 日起实施，原《装配整体式混凝土结构施工及质量验收规范》(DGJ 08—2117—2012)同时废止。

本规范由上海市住房和城乡建设管理委员会负责管理，上海建工集团股份有限公司负责解释。

特此通知。

上海市住房和城乡建设管理委员会

2022 年 11 月 16 日

前　言

　　根据上海市住房和城乡建设管理委员会《关于印发〈2018 年上海市工程建设规范、建筑标准设计编制计划〉的通知》(沪建标定〔2017〕898 号)的要求,本标准编制组经广泛的调查研究,认真总结实践经验,并参照国内外有关标准和规范,在《装配整体式混凝土结构施工及质量验收规范》DGJ 08—2117—2012 的基础上,经反复征求意见,修订形成本标准。

　　本标准的主要内容有:总则;术语;基本规定;构配件与材料;构件驳运与堆放;施工准备;预制构件安装施工;预制构件连接施工;分项工程施工质量验收;施工安全控制;绿色施工。

　　本标准主要修订内容有:

　　1. 增加、完善了部分术语。

　　2. 增加、完善了"基本规定"内容。

　　3. 对原第 4 章"材料"与第 5 章"预制构件"两章进行梳理,重新划分为"构配件与材料"与"构件驳运与堆放"两章,并对内容进行了补充完善。

　　4. 新增"施工准备"一章。

　　5. 将原第 6 章"预制构件安装与连接"一章拆分为"预制构件安装施工"与"预制构件连接施工"两章,并对内容进行了补充完善。

　　6. 将原第 9 章"子分部工程质量验收"一章改为"分项工程施工质量验收",删除了预制构件本身尺寸偏差及检验方法的相关内容,该部分内容通过引用混凝土预制构件制作与质量检验相关的现行国家标准和上海市工程建设标准进行规定,同时修订了对现浇部分分项工程的验收制度,完善了质量验收与缺陷处理的相关规定。

　　7.“绿色施工”一章中增加了信息化施工相关内容。

　　各单位及相关人员在执行本标准过程中,请注意总结经验,并将意见和建议及时反馈给上海市住房和城乡建设管理委员会(地址:上海市大沽路 100 号;邮编:200003;E-mail:shjsbzgl@163.com),上海建工集团股份有限公司(地址:上海市东大名路666 号;邮编:200080;E-mail:scgbzgfs@163.com),上海市建筑建材业市场管理总站(地址:上海市小木桥路 683 号;邮编:200032;E-mail:shgcbz@163.com),以供今后修订时参考。

　　主 编 单 位:上海建工集团股份有限公司

　　　　　　　　上海市建设工程安全质量监督总站

　　　　　　　　上海隧道工程股份有限公司

　　参 编 单 位:上海建工五建集团有限公司

　　　　　　　　上海建工二建集团有限公司

　　　　　　　　上海城建市政工程(集团)有限公司

　　　　　　　　上海市浦东新区建设工程安全质量监督站

　　　　　　　　上海城建物资有限公司

　　　　　　　　上海建工建材科技集团股份有限公司

　　　　　　　　上海市建设协会

　　　　　　　　中国建筑第八工程局有限公司

　　　　　　　　华东建筑设计研究院有限公司

　　　　　　　　上海天华建筑设计有限公司

　　　　　　　　上海市建工设计研究总院有限公司

　　　　　　　　上海市城市建设设计研究总院(集团)有限公司

　　　　　　　　上海市建筑科学研究院有限公司

　　　　　　　　上海兴邦建筑技术有限公司

　　　　　　　　上海市建设工程检测行业协会

　　　　　　　　上海同济检测技术有限公司

　　　　　　　　上海宝冶工程技术有限公司

上海东方雨虹防水技术有限责任公司

主要起草人：龚　剑　王美华　金磊铭　朱永明　吕　达
　　　　　　龙莉波　黄国昌　潘　峰　周　虹　魏永明
　　　　　　邓文龙　吴　杰　栗　新　林家祥　许崇伟
　　　　　　叶国强　马跃强　朱敏涛　许清风　陈卫伟
　　　　　　张晓勇　韩亚明　徐佳彦　李伟兴　王莉锋
　　　　　　瞿志勇　雷　杰　韩跃红　刘　晓　王　俊
　　　　　　周　磊　王敬凡　叶可炯　高润东　邱　迪
　　　　　　陈一凡　燕　冰　廖显东　马昕煦　张　立
　　　　　　卢家森　王　磊　张小琼　童寿兴　魏金龙
　　　　　　秦　廉

主要审查人：高承勇　薛伟辰　吴欣之　李海光　罗玲丽
　　　　　　郑振鹏　许金根

上海市建筑建材业市场管理总站

目　次

1　总　则 ……………………………………………………… 1

2　术　语 ……………………………………………………… 2

3　基本规定 …………………………………………………… 5

4　构配件与材料 ……………………………………………… 7

　4.1　一般规定 ……………………………………………… 7

　4.2　构配件 ………………………………………………… 7

　4.3　材　料 ………………………………………………… 8

5　构件驳运与堆放 …………………………………………… 10

　5.1　一般规定 ……………………………………………… 10

　5.2　构件驳运 ……………………………………………… 10

　5.3　构件堆放 ……………………………………………… 11

6　施工准备 …………………………………………………… 14

　6.1　一般规定 ……………………………………………… 14

　6.2　施工机具 ……………………………………………… 15

　6.3　测量定位 ……………………………………………… 15

7　预制构件安装施工 ………………………………………… 17

　7.1　一般规定 ……………………………………………… 17

　7.2　预制构件吊装 ………………………………………… 17

　7.3　预制柱安装 …………………………………………… 19

　7.4　预制墙板安装 ………………………………………… 20

　7.5　预制叠合梁安装 ……………………………………… 21

　7.6　预制叠合楼板安装 …………………………………… 21

　7.7　其他预制构件安装 …………………………………… 22

　7.8　安装成品保护 ………………………………………… 23

8 预制构件连接施工 …………………………………………… 25
  8.1 一般规定 ………………………………………………… 25
  8.2 套筒灌浆连接 …………………………………………… 25
  8.3 螺栓连接 ………………………………………………… 28
  8.4 后浇混凝土连接 ………………………………………… 29
  8.5 密封连接 ………………………………………………… 31
  8.6 其他连接 ………………………………………………… 33
9 分项工程施工质量验收 …………………………………… 35
  9.1 一般规定 ………………………………………………… 35
  9.2 预制构件验收 …………………………………………… 37
  9.3 安装施工与连接验收 …………………………………… 41
10 施工安全控制 ……………………………………………… 51
  10.1 一般规定 ……………………………………………… 51
  10.2 施工安全 ……………………………………………… 51
11 绿色施工 …………………………………………………… 54
  11.1 一般规定 ……………………………………………… 54
  11.2 节能环保与信息化施工 ……………………………… 54
本标准用词说明 …………………………………………………… 57
引用标准名录 ……………………………………………………… 58
条文说明 …………………………………………………………… 61

Contents

1   General provisions ··· 1

2   Terms ·· 2

3   Basic requirements ·· 5

4   Component and material ·· 7

    4. 1   General requirements ······························· 7

    4. 2   Component ··· 7

    4. 3   Material ·· 8

5   Component transfer and storage ···························· 10

    5. 1   General requirements ······························· 10

    5. 2   Component transfer ································· 10

    5. 3   Component storage ································· 11

6   Construction preparation ······································ 14

    6. 1   General requirements ······························· 14

    6. 2   Construction machine ······························ 15

    6. 3   Measurement positioning ·························· 15

7   Installation of prefabricated component ··················· 17

    7. 1   General requirements ······························· 17

    7. 2   Lifting of the prefabricated component ··········· 17

    7. 3   Installation of prefabricated column ············· 19

    7. 4   Installation of prefabricated board ·············· 20

    7. 5   Installation of prefabricated beam ·············· 21

    7. 6   Installation of prefabricated floor ·············· 21

    7. 7   Installation of other prefabricated component ······ 22

    7. 8   Protection of the product ························· 23

8 Connection of prefabricated component ·················· 25

   8. 1 General requirements ···························· 25

   8. 2 Sleeve grouting connection ···················· 25

   8. 3 Bolted connection ······························· 28

   8. 4 Post-concrete connection ······················ 29

   8. 5 Sealing connection ······························· 31

   8. 6 Other methods of connection ··················· 33

9 Subcontract construction quality acceptance ············· 35

   9. 1 General requirements ···························· 35

   9. 2 Prefabricated component acceptance ············ 37

   9. 3 Construction installation and connection acceptance

   ·· 41

10 Construction safety control ························· 51

   10. 1 General requirements ··························· 51

   10. 2 Construction safety ····························· 51

11 Green construction ································· 54

   11. 1 General requirements ··························· 54

   11. 2 Energy conservation and information construction

   ·· 54

Explanation of wording in this standard ················ 57

List of quoted standards ······························· 58

Explanation of provisions ······························· 61

1 总　则

1.0.1　为促进装配整体式混凝土结构工程的发展,发挥工业化建造优势,做到安全适用、技术先进、质量可靠、资源节约、环境保护,制定本标准。

1.0.2　本标准适用于本市建筑工程中装配整体式混凝土结构的施工及质量验收。

1.0.3　装配整体式混凝土结构施工及质量验收除应执行本标准外,尚应符合国家、行业和本市现行有关标准的规定。

2 术 语

2.0.1 装配式混凝土结构 precast concrete structure

由预制混凝土构件通过可靠的连接方式装配而成的混凝土结构。

2.0.2 装配整体式混凝土结构 assembled monolithic concrete structure

由预制混凝土构件通过可靠的连接方式进行连接并与现场后浇混凝土、水泥基灌浆材料形成整体的装配式混凝土结构。简称装配整体式结构。

2.0.3 装配整体式叠合剪力墙结构 monolithic precast concrete composite shear wall structure

全部或部分剪力墙采用预制叠合墙板,通过可靠连接并与现场后浇混凝土形成整体的装配整体式混凝土剪力墙结构。简称叠合剪力墙结构。

2.0.4 预制单面叠合墙板 precast partially composite wall panel

叠合剪力墙结构采用的,由单叶预制混凝土板及钢筋桁架在工厂制作而成的预制叠合墙板。简称单面叠合墙板。

2.0.5 预制双面叠合墙板 precast double composite wall panel

叠合剪力墙结构采用的,由内外叶双层预制混凝土板、中间空腔及连接双层预制混凝土板的钢筋桁架在工厂制作而成的预制叠合墙板。简称双面叠合墙板。

2.0.6 预制混凝土外挂墙板 precast concrete facade panel

安装在主体结构上,起围护、装饰作用的非承重预制混凝土外墙板。简称外挂墙板。

2.0.7 预制混凝土夹心保温外墙板 precast concrete sandwich facade panel

预制混凝土夹心保温墙板,由内叶墙板、夹心保温层、外叶墙板和拉结件组成的复合类预制混凝土墙板。简称夹心保温墙板,包括预制混凝土夹心保温剪力墙板和预制混凝土夹心保温外挂墙板。

2.0.8 混凝土叠合受弯构件 concrete composite flexural component

预制混凝土梁、板顶部在现场后浇混凝土而形成的整体受弯构件。包括预制混凝土叠合梁和预制混凝土叠合板,简称预制叠合梁和预制叠合板。

2.0.9 钢筋套筒灌浆连接 grout sleeve splicing of rebars

在金属套筒中插入单根带肋钢筋并注入灌浆料拌合物,通过拌合物硬化形成整体并实现传力的钢筋对接连接。简称套筒灌浆连接。

2.0.10 钢筋浆锚搭接连接 rebar lapping in grout-filled hole

在预制混凝土构件中预留孔道,在孔道中插入需要搭接的钢筋,并灌注水泥基灌浆料而实现的钢筋搭接连接方式。

2.0.11 螺栓连接 bolted connection

在预制混凝土构件中预埋螺栓连接器或设置暗梁、暗墩等简化构造形式,在螺栓连接器或暗梁、暗墩的孔道中插入需连接的、顶端带螺纹的钢筋,通过紧固螺帽并灌注水泥基灌浆料而实现的钢筋连接方式。

2.0.12 钢筋连接用套筒灌浆料 cementitious grout for rebar sleeve splicing

以水泥为基本材料,并配以细骨料、外加剂及其他材料混合而成的用于钢筋套筒灌浆连接的干混料。简称灌浆料。

2.0.13 粗糙面 composite rough surface

预制构件与后浇混凝土或灌浆料拌合物的结合面,在预制构件制作时按设计要求采用拉毛、凿毛、留设凹凸块、花纹钢板模板、气泡膜模板或水洗露骨料等方法形成混凝土凹凸不平或骨料显露的表面。

2.0.14 防水密封胶 water proofing sealant

用于封闭预制外墙板外立面接缝的密封材料。

2.0.15 密封止水条 waterproof strip

设置在预制外墙板侧边四周的橡胶条。

2.0.16 成型钢筋笼 welded steel cage

钢筋焊接网或弯折成型钢筋网通过专用机械装备,按规定形状、尺寸,通过焊接或绑扎方式整体成型的钢筋笼。

2.0.17 信息化施工 information construction

利用计算机、网络和数据库等信息化手段,对工程项目实施过程的信息进行有序存储、处理、传输和反馈的施工模式。

3 基本规定

3.0.1 施工现场应建立健全质量管理体系、安全管理体系、施工质量控制和检验制度。

3.0.2 装配整体式混凝土结构施工前应编制专项施工方案,并经审核批准后方可实施,施工方案应包括下列内容:

    1 工程概况。

    2 编制依据。

    3 施工部署。

    4 运输方案。

    5 安装与连接。

    6 质量管理。

    7 信息化管理。

    8 施工安全及文明施工保障措施。

    9 应急预案。

    10 计算书及相关施工图纸。

3.0.3 设计单位应考虑构件吊点、施工设施、设备附着设施点、拉节点等因素,核定涉及工程结构安全的施工方案。施工单位应依据设计文件和现场实际情况进行现场指导、交底。

3.0.4 构件运输企业应制定预制构件运输方案,明确运输安排计划、运输路线、运输车辆、构件固定和减震措施及运输应急方案等。

3.0.5 装配整体式混凝土结构施工宜采用建筑信息模型(BIM)技术对施工全过程进行信息化管理,对关键工艺进行信息化模拟。

3.0.6 装配整体式混凝土结构安装顺序以及连接方式应保证施工过程中构件具有足够的承载力和刚度,并应保证结构整体稳定性。预制构件安装过程中的临时固定措施与临时支撑系统均应具有足够的强度、刚度和整体稳定性。

3.0.7 装配整体式混凝土结构的装饰工程质量验收,除应符合本标准的规定外,尚应符合现行国家标准《建筑装饰装修工程质量验收标准》GB 50210 的有关规定。

3.0.8 装配整体式混凝土结构的节能工程的质量验收,除应符合本标准的规定外,尚应符合现行国家标准《建筑节能工程施工质量验收标准》GB 50411 和现行上海市工程建设规范《建筑节能工程施工质量验收规程》DGJ 08—113 的有关规定。

3.0.9 装配整体式混凝土结构中的现浇混凝土施工应符合现行国家标准《混凝土结构工程施工规范》GB 50666 的有关规定。

4 构配件与材料

4.1 一般规定

4.1.1 装配整体式混凝土结构用预制构件、商品混凝土、座浆料、封堵浆料、填缝浆料、防水材料、灌浆料、密封材料、钢筋、连接件、灌浆套筒、金属波纹管、各类预埋件、保温材料、涂料、面砖和石材、门窗框、机电预埋管、线盒等构配件与材料等应有相应的质量证明文件,产品质量应符合现行有关标准和设计文件的规定。

4.1.2 各类构配件应按要求进行进场检查和复检,进场检查项目应包括产品的品种、规格、生产厂家、外观质量、尺寸偏差以及预埋件数量、位置、套筒、套筒的注浆孔和出浆孔、透气孔及其他预埋套管及管线一般情况等;复检项目、检查批次和其他要求应符合现行有关标准和设计文件规定。

4.2 构配件

4.2.1 预制构件的吊环应采用未经冷加工的 HPB300 级钢筋或 Q235B 圆钢制作。吊装用内埋式螺母或吊杆的材料应符合国家现行相关标准及产品应用技术手册的规定。

4.2.2 灌浆套筒应符合现行行业标准《钢筋连接用灌浆套筒》JG/T 398 及《钢筋套筒灌浆连接应用技术规程》JGJ 355 的有关规定。

4.2.3 连接用焊接材料,螺栓、锚栓和铆钉等紧固件的材料应符合现行国家标准《钢结构设计标准》GB 50017、《钢结构焊接规范》GB 50661 和现行行业标准《钢筋焊接及验收规程》JGJ 18 的相关规定。

4.2.4 门窗、预嵌门窗框、预埋管、线盒等应符合设计要求,并应具备产品合格证或出厂检验报告。

4.2.5 石材和面砖应按编号、品种、数量、规格、尺寸、颜色、用途等分类标识放置。

4.2.6 石材和面砖等饰面材料应有产品合格证或出厂检验报告。

4.3 材 料

4.3.1 装配整体式混凝土结构中,现浇混凝土的强度等级不宜低于 C30,后浇混凝土的强度等级不应低于所连接预制构件的混凝土强度等级。

4.3.2 钢筋套筒灌浆连接接头采用的灌浆料及灌浆料的物理、力学性能应符合现行行业标准《钢筋连接用套筒灌浆料》JG/T 408 的规定。

4.3.3 封浆料、座浆料的物理、力学性能及实验方法应符合现行行业标准《钢筋套筒灌浆连接应用技术规程》JGJ 355 的规定。

4.3.4 钢筋浆锚搭接连接接头应采用水泥基灌浆料,其性能和试验方法应符合现行行业标准《装配式混凝土结构技术规程》JGJ 1 的规定。

4.3.5 预制构件之间钢筋连接用的套筒及灌浆料的适配性应通过钢筋连接接头型式检验确定,其检验方法应符合现行行业标准《钢筋套筒灌浆连接应用技术规程》JGJ 355 的规定。

4.3.6 预制外墙板接缝用防水密封胶物理性能应符合现行行业标准《混凝土接缝用建筑密封胶》JC/T 881 中 25LM 或 25LM 以上的技术要求,并应符合下列规定:

 1 密封胶的使用年限应满足设计要求。

 2 密封胶应与混凝土具有相容性。

3 硅酮、聚氨酯、聚硫建筑密封胶应分别符合现行国家标准《硅酮和改性硅酮建筑密封胶》GB/T 14683 以及现行行业标准《聚氨酯建筑密封胶》JC/T 482、《聚硫建筑密封胶》JC/T 483 的规定。

4 密封胶包括改性硅酮类(MS)、硅酮类(SR)、聚氨酯类(PU)等产品品种,宜选用低模量、无污染、较高弹性恢复率的密封胶,其相容性、耐久性、污染性性能指标检测应符合现行相关标准的规定。

5 密封胶应具有环保性,其有害物质限量应符合现行国家标准《绿色产品评价 防水与密封材料》GB/T 35609 的有关要求;应用于室内接缝时,装配式建筑密封胶的有害物质限量应符合现行国家标准《室内装饰装修材料 胶粘剂中有害物质限量》GB 18583 的有关规定;同一单体建筑、同一类型的接缝防水密封材料应由同一生产厂家提供。

6 为保证密封胶与外墙板接缝基面粘结性能良好,应按产品性能及说明书要求进行底涂涂敷。底涂材料应能够增强密封胶与基材的粘结性,不应与基材发生不良反应。底涂材料应由密封胶生产单位或供货单位配套提供。

7 外墙板接缝密封胶的背衬材料宜选用柔性闭孔圆形 PE 棒或发泡氯丁橡胶,直径不应小于缝宽的 1.5 倍。

4.3.7 预制夹心外墙板接缝处的密封止水条宜选用三元乙丙橡胶、氯丁橡胶或硅橡胶等高分子材料,技术要求应符合现行国家标准《高分子防水材料 第 2 部分:止水带》GB 18173.2 中 J 型产品的有关规定。

4.3.8 夹心外墙板接缝处填充用保温材料的燃烧性能应按现行国家标准《建筑材料及制品燃烧性能分级》GB 8624 中 A 级的要求执行。

5 构件驳运与堆放

5.1 一般规定

5.1.1 施工现场应根据施工平面规划设置驳运通道和堆放场地,在装配整体式混凝土结构施工专项施工方案中应包含场地布置、吊装方法、驳运路线、固定要求、堆放支垫及成品保护措施等内容。

5.1.2 对于超高、超宽及形状特殊的预制构件,在施工现场的驳运和堆放应采取质量及安全保护措施。

5.1.3 预制构件进入施工现场前,施工单位应考虑预制构件驳运和堆放对地下室顶板等已完成结构的影响,并采取相应的技术保证措施。

5.2 构件驳运

5.2.1 构件驳运应根据现场施工计划实施,并宜减少现场驳运次数和距离。

5.2.2 构件驳运应根据预制构件特点采用不同的驳运方式,采用车辆驳运时应符合下列规定:

    1 合理选择驳运车辆,保持驳运过程中的车辆平衡。

    2 驳运架应专门设计,并进行强度、刚度和稳定性的验算。

5.2.3 现场驳运道路应坚实平整且设有排水措施,并应按照预制构件驳运车辆的要求合理设置道路宽度、转弯半径及坡度。

5.2.4 根据预制构件种类的不同,在驳运过程中应采取可靠的固定和防移位或倾覆措施,并应符合下列规定:

1 预制墙板宜采用立式驳运,外墙板饰面层不宜与驳运架直接接触;梁、板、楼梯、阳台等预制构件宜采用水平驳运。

2 采用靠放架立式驳运时,预制构件与水平面的倾斜角度宜大于80°,预制构件应对称靠放。

3 驳运竖向薄壁构件或异形构件时,车辆上宜设置临时支架。

5.2.5 预制构件驳运时,应采取成品保护措施,并应符合下列规定:

1 构件边角部位及构件与捆绑、支撑、紧固装置接触处,宜采用柔性垫衬加以保护,避免混凝土损伤。

2 带饰面的预制构件或清水混凝土预制构件的衬垫宜采用保护膜包裹,避免表面污染。

3 预制墙板预嵌门窗框、装饰表面和棱角宜采用贴膜或其他防护措施。

4 大型构件、竖向薄壁构件、形状复杂构件应采取避免构件变形和损伤的临时加固措施。

5 装箱运输时,箱内四周采用木材、角钢或柔性垫片填实,支撑牢固。

5.2.6 预制构件驳运时,必须使用专用吊具,应使每一根钢丝绳均匀受力。钢丝绳与成品夹角不得小于45°,确保成品呈平稳状态,构件驳运时应轻起慢放。驳运过程中发生成品损伤时,应采取相应的技术处理方案,得到原设计单位的书面认可后,经修补并重新检验合格后方可用于工程实体。

5.3 构件堆放

5.3.1 预制构件进场时,应按构件类型、规格分类堆放。

5.3.2 预制构件堆放场地应符合下列规定:

1 堆放场地应保持平整、坚实,且具有足够的承载能力和刚度,并设有排水措施。

    2   堆放场地宜设置在起重设备的有效起重范围内。

    3   预制构件堆垛之间应设置通道,宽度不宜小于 1 m。

    4   堆放场地周边应设置隔离防护栏,预制构件预留出筋等长度不应超出围栏。

5.3.3   构件的堆放架应具有足够的强度、刚度和稳定性。

5.3.4   构件堆放时应使标识清晰可见、不被遮挡,安装吊点宜朝上。

5.3.5   预制构件堆放时应合理设置垫块支点位置,受力状态宜与实际使用时受力状态保持一致,垫块应有足够的支承刚度和支承面积,确保预制构件堆放稳定可靠,并应符合下列规定:

    1   全预制非预应力构件堆放搁支点宜与起吊点位置一致。

    2   先张法预应力预制构件堆放时,搁支点宜设置在构件端部,并应根据起拱值大小和堆放时间采取相应措施。

    3   转角及异形构件搁支点设置应通过计算确定。

    4   预制构件多层叠放时,预制混凝土梁、柱构件叠放不宜超过 3 层,预制空腔柱构件叠放层数不宜超过 2 层,板类构件叠放不宜超过 6 层。每层构件间的垫块应上下对齐。板类构件垫块高度应高于桁架筋。细长预制构件宜用条状垫木支垫。

    5   预制内外墙板、挂板宜采用专用立式存储架直立堆放。构件薄弱部位和门窗洞口部位应采取防止变形开裂的临时加固措施。

    6   预制夹心保温外墙直立堆放时,应保证构件承重叶墙体下部受力。

    7   支垫地基应坚实,构件不得直接放置于地面。随时观察堆放场地上预制构件变形情况,采取措施控制预应力构件的起拱值和预制构件的翘曲变形。

5.3.6   预制构件堆放应做好成品保护工作,并应符合下列规定:

    1   预制构件成品外露保温板宜采取防开裂措施。预留出筋主筋宜采取防弯折措施。外露预埋件和连结件等外露金属件应按不同环境类别进行防护或防腐、防锈处理。

    2 预埋螺栓孔、孔洞、管线盒、钢筋连接套筒、注浆孔和出浆孔应采取有效措施以防止杂物进入。

    3 饰面及清水混凝土预制构件表面应采用整体遮盖、粘贴保护膜等措施，以避免表面污染。

    4 冬季堆放的预制构件的非贯穿孔洞应采取措施防止雨雪水进入发生冻胀损坏。

    5 预制夹心保温墙板的存放应采取措施，以避免雨（雪）渗入保温材料以及保温材料与混凝土板之间的接缝。同时，应避免保温材料长时间被阳光照射。

6 施工准备

6.1 一般规定

6.1.1 装配式混凝土结构施工前应对施工措施复核及验算。对新的或首次采用的施工工艺应进行专家论证,经审批认可后方可实施。

6.1.2 预制构件、安装用材料及配件等应符合现行相关标准及产品应用技术手册的规定,并应按现行行业标准《施工现场临时用电安全技术规范》JGJ 46 的有关规定进行进场验收。

6.1.3 测量放样应符合现行国家标准《工程测量标准》GB 50026 的有关规定,并应设置构件安装定位标识。

6.1.4 施工前应核对已施工完成结构或基础的外观质量和尺寸偏差、混凝土强度、预留预埋与预制构件连接的后浇混凝土的粗糙面是否符合设计要求,复核待安装构件和配件的型号、规格、数量、位置、节点连接构造等是否符合设计要求,确认临时支撑方案等。

6.1.5 施工前应复核起重设备的吊装技术参数。作业时,起重设备及吊索具应处于安全操作状态,并符合现场环境、天气、道路状况等。起重设备和吊装施工应符合现行行业标准《建筑机械使用安全技术规程》JGJ 33 的有关规定。

6.1.6 吊装用吊具应按国家现行有关标准的规定进行设计、验算或试验检验。吊具应根据预制构件形状、尺寸及重量等参数进行配置;尺寸较大或形状复杂的预制构件,宜采用具有分配梁或分配桁架的吊具;对于开洞较大的预制构件宜采取加固措施。

6.1.7 施工现场从事装配施工特种作业的人员应取得相应的资

格证书后才能上岗作业。施工单位应对施工作业人员进行质量安全技术交底。

6.2 施工机具

6.2.1 施工机具的工作容量、生产效率等宜与建设项目的施工条件和作业内容相适应。施工机具安全防护装置应安全、灵敏和可靠。

6.2.2 起重设备的选择应综合考虑最大构件重量、构件重量、构件安装位置及作业半径、堆场布置、建筑物高度及吊装视觉盲区、工期及现场条件等因素。

6.2.3 吊装作业前,应检查所使用的机械、滑轮、吊索具、预埋和地形等符合安全要求。

6.2.4 绑扎所用的吊索、卡环、绳扣等构件的规格应根据计算确定。

6.2.5 起吊前应对起重机钢丝绳及连接部位和吊具进行检查。

6.2.6 起重设备靠近架空输电线路作业或在输电线路下行走时,吊装作业应符合现行行业标准《施工现场临时用电安全技术规范》JGJ 46 的有关规定。起重设备与架空输电线的安全距离应符合现行行业标准《施工现场临时用电安全技术规范》JGJ 46 的有关规定;若无法保证安全距离,应采取绝缘隔离防护措施,并悬挂醒目的警告标志。

6.2.7 灌浆设备必须根据灌浆料特性、施工工艺要求、注浆压力等参数进行选择,并审核后方可使用;宜采用可实时监测计量的灌浆设备。

6.2.8 应对临时支撑的强度、刚度和稳定性进行安全计算。

6.3 测量定位

6.3.1 吊装前应在构件和相应的支承结构上设置中心线、标高和正反面标识,并应按设计要求校核预埋件及连接钢筋的数量、位置、尺寸和标高。

6.3.2 每层楼面轴线垂直控制点不宜少于 4 个,垂直控制点应由底层向上传递引测。每个楼层应设置 1 个高程控制点。

6.3.3 在安装位置外应设置控制线及构件端头控制线。预制构件安装位置线应由安装控制线引出,每件预制构件应设置两条安装水平位置线。

6.3.4 预制墙板安装前,应在墙板的内侧弹出竖向和水平安装线,竖向和水平安装线应与楼层安装位置线相符合。采用饰面砖进行装饰时,相邻板间的饰面砖缝应对齐。

6.3.5 测量预制墙板垂直度时,宜在构件上设置用于垂直度测量的控制点。在水平和竖向构件上安装预制墙板时,宜采用放置垫块的方法进行标高控制,或在构件上设置标高调节件。

7 预制构件安装施工

7.1 一般规定

7.1.1 在装配整体式结构施工前,宜选择具有代表性的单元进行试安装,并应根据试安装结果调整施工工艺、完善施工方案,经认可后方可进行正式吊装施工。

7.1.2 建设单位应当组织设计、施工、监理、预制构件生产单位进行"首段安装验收"。

7.1.3 装配式结构施工中采用专用定型产品时,装配式结构施工操作宜采用工具化、标准化和定型化的工装系统。

7.1.4 施工现场转换层预制构件对应的预埋连接钢筋,宜采用专用冶具定位并进行有效固定。

7.2 预制构件吊装

7.2.1 预制构件吊装顺序应满足专项施工方案的要求,应先吊装竖向构件,再吊装水平构件,外挂板宜从低层向高层安装。

7.2.2 预制构件起吊应符合下列规定:

   1 预制构件应按照吊装顺序预先编号,吊装时应严格按编号顺序起吊。

   2 预制构件应按施工方案的要求吊装,起吊时吊索水平夹角不宜小于 60°,且不应小于 45°。

   3 吊点数量、位置应经计算确定以确保吊索具连接可靠,并应采取相应措施保证起重设备的主钩位置、吊索具及构件重心在竖直方向上重合。

4 吊装时应采用慢起、稳升、缓放的操作方式,吊运过程应保持稳定,不宜偏斜、摇摆和扭转,严禁吊装构件长时间悬停在空中。

5 吊运过程中应设专人指挥,操作人员应位于安全可靠的位置,严禁操作人员随预制构件一同起吊。

6 大型的预制构件吊装时,宜设置缆风绳控制构件转动,保证构件就位平稳。

7 吊装大型构件、薄壁构件或形状复杂的构件时,应使用分配梁或分配桁架类吊具,并应采取临时加固措施避免构件发生变形或损伤。

8 起重机松钩前应确认安装构件和结构处于稳定状态。

9 吊装过程宜保证构件受力与实际使用受力工况一致,或者采用受力刚度较大的方向起吊,并宜进行吊装过程的模拟计算。

7.2.3 预制构件就位后的校核与调整应符合下列规定:

1 预制墙板、预制柱等竖向构件安装后,应对安装位置、安装标高、垂直度及累计误差进行校核与调整。

2 预制叠合梁、预制叠合板等水平构件安装后,应对安装位置、安装标高进行校核与调整。

3 相邻预制板类构件安装后,应对相邻预制构件平整度、高低差、拼缝尺寸进行校核与调整。

4 预制装饰类构件应对装饰面的完整性进行复验;若不满足规定,应按要求进行修补。

7.2.4 竖向预制构件安装采用临时支撑时,应符合下列规定:

1 预制柱、预制墙板安装时,应根据测量标高预先设置垫块以保证底部水平缝高(或厚度)。方柱底部宜设置 4 处垫块,一字墙体底部宜设置 2 处垫块。

2 预制柱、预制墙板的上部斜撑,其支撑点至底面距离宜为预制构件高度的 1/2~2/3。上部斜支撑与地面夹角宜为 45°~

60°,斜支撑间距不宜大于 2 400 mm,长度大于 2 400 mm 的墙体宜设置不少于 2 道斜支撑。

    3 构件安装就位后,可通过临时支撑对构件的位置和垂直度进行微调。

    4 临时支撑的设计应考虑风荷载和非正常撞击荷载。

7.2.5 水平预制构件安装采用临时支撑时,应符合下列规定:

    1 首层支撑架体的地基应平整坚实,宜采取硬化措施。

    2 临时支撑的间距及其与墙、柱、梁边的净距应经计算确定,竖向连续支撑层数不宜少于 2 层,且上下层支撑宜对准。

    3 预制叠合板下部支架宜选用定型独立钢支撑,竖向支撑间距及布置应经计算确定。

7.2.6 预制构件与吊具的分离应在校准定位及临时支撑安装完成后进行。

7.2.7 预制柱、预制墙体灌浆施工前应对接缝进行处理;当采用封浆料进行封堵时,应符合现行行业标准《钢筋套筒灌浆连接应用技术规程》JGJ 355 的有关规定。

7.2.8 构件安装就位后宜采用同层灌浆;当采用 2 层及以上集中灌浆时,应采取安全加固技术措施。

7.2.9 当后续施工可能对接头产生扰动时,应在灌浆料同条件养护试件抗压强度达到 35 MPa 后进行;临时固定措施的拆除应在灌浆料抗压强度能确保结构达到后续施工承载要求后进行。

7.3 预制柱安装

7.3.1 预制柱宜按角柱、边柱、中柱顺序进行安装,与现浇部分连接的预制柱宜先行吊装。

7.3.2 预制柱的就位应以轴线和外轮廓线为控制线,边柱和角柱应以外轮廓线控制为准。

7.3.3 预制柱安装前应按设计要求校核连接钢筋的数量、规格、长度和位置。

7.3.4 预制柱安装就位后,应在两个方向设置可调斜撑作临时固定,并应进行垂直度、角度调整。

7.4 预制墙板安装

7.4.1 预制墙板安装应符合下列规定:

1 与现浇部分连接的墙板宜先行吊装,其他墙板宜按外墙先行原则进行吊装。

2 就位前,应采用专用工具清理待安装墙板位置的浮尘、夹渣、碎石等杂物,并在水平接缝位置设置调平装置。

3 临时支撑应在连接部位的混凝土或灌浆料强度达到设计要求后拆除。

7.4.2 预制墙板安装过程中,不得割除或削弱板侧预留钢筋。

7.4.3 相邻预制墙板安装时宜在接缝处沿竖向设置 3 道平整度控制装置,平整度控制装置可采用预埋件焊接或螺栓连接方式。

7.4.4 预制混凝土叠合墙板、预制夹心保温空腔墙构件安装时,应先安装预制墙板,再进行内侧现浇混凝土墙板施工。

7.4.5 预制墙板校核与调整应符合下列规定:

1 预制墙板安装应首先确保外墙面平整。

2 预制墙板安装的标高宜通过墙底垫片控制。

3 预制墙板拼缝校核与调整应以竖缝为主、水平缝为辅。

4 预制墙板阳角位置相邻的平整度应以阳角垂直度为主进行校核与调整。

7.4.6 预制墙板水平接缝处采用灌浆套筒连接或浆锚搭接连接的夹心保温外墙板,应在保温材料部位采用弹性密封材料进行封堵。封堵材料伸入连接接缝的深度不宜小于 15 mm,且不应超过灌浆套筒外壁,保证外叶板下部接缝处空腔通畅且无硬质杂物。

7.5 预制叠合梁安装

7.5.1 当设计有明确规定时,安装顺序应按照设计要求;设计无明确要求时,宜遵循先主梁后次梁、先低处后高处的原则,吊装时应注意梁的吊装方向标识。

7.5.2 预制叠合梁安装前应按设计要求对立柱上梁的搁置位置进行复测和调整。当预制叠合梁采用临时支撑搁置时,应对临时支撑进行验算。

7.5.3 预制叠合梁安装前,应对其现浇部分钢筋按设计要求进行复核。

7.5.4 预制叠合梁安装时,主梁和次梁伸入支座的长度与搁置长度应符合设计要求。

7.5.5 预制叠合板安装完成后,应采用不低于预制叠合梁混凝土强度等级的材料填实预制次梁与预制主梁之间的企口。

7.5.6 预制叠合梁安装后,应对安装位置、安装标高等进行校核与调整。

7.5.7 预制叠合梁应在后浇混凝土强度达到设计要求后,再拆除支撑,承受施工荷载。

7.6 预制叠合楼板安装

7.6.1 预制叠合楼板安装前应测量并调整临时支撑标高,确保与板底标高一致;预制叠合楼板安装完后,应对相邻叠合板板底接缝高差进行校核;当板底接缝高差不满足安装允许偏差要求时,应将构件重新起吊,通过可调托座进行调节。

7.6.2 吊点的位置应根据楼板受力要求并经计算确定,设置在钢筋桁架上弦钢筋与腹杆钢筋交接处并做好标识。

7.6.3 预制叠合楼板安装应符合下列规定:

1 施工集中荷载或受力较大部位应避开拼接位置。

2 外伸预留钢筋伸入支座时,预留筋不得弯折。

3 密拼形式的叠合楼板间拼缝可采用干硬性防水砂浆塞缝。

7.6.4 预制楼板安装采用临时支撑时,应符合下列规定:

1 临时支撑应根据设计要求设置,各层竖撑宜设置在一条竖直线上。支撑顶面标高除符合设计规定外,尚应考虑支撑本身的施工变形,并应控制相邻板底的平整度。

2 后浇混凝土强度达到设计要求后,方可拆除下部临时支撑。

3 临时支撑中的垂直支撑宜采用定型独立钢支撑。

7.6.5 预应力楼板吊装及支撑系统应根据预制构件类型合理选择方案,并应符合现行国家标准《混凝土结构工程施工规范》GB 50666 的要求。

7.6.6 预应力楼板构件板面反拱值不同,在安装前宜按反拱值大小进行排序,并依次安装,以减少板面的高低错位。

7.7 其他预制构件安装

7.7.1 预制阳台板安装应符合下列规定:

1 悬挑阳台板安装前应设置防倾覆支撑架,支撑架应在结构楼层混凝土达到设计强度要求后方可拆除。

2 悬挑阳台板施工荷载不得超过其设计的允许荷载值。

3 预制阳台板预留锚固钢筋应伸入现浇结构内,放置于受力钢筋的内侧,并应与现浇混凝土结构连成整体。

4 预制阳台与侧板采用灌浆连接方式时,阳台预留钢筋应插入孔内后再进行灌浆。

7.7.2 预制空调板安装应符合下列规定:

1 预制空调板安装时,板底应采用临时支撑措施。

2 安装前,应检查支座顶面标高及支撑面的平整度。

3 预制空调板与现浇结构连接时,预留锚固钢筋应伸入现浇结构内,放置于受力钢筋的内侧,并应与现浇结构连成整体。

4 预制空调板采用插入式安装方式时,连接位置应设预埋连接件,并应与预制墙板的预埋连接件连接,空调板与墙板交接的四周防水槽口应嵌填防水密封胶。

7.7.3 预制楼梯安装应符合下列规定:

1 安装前,应检查楼梯构件平面定位及标高,并宜设置调平装置。

2 楼梯起吊时,吊点不应少于 4 点,应在生产前通过计算确定楼梯吊点位置。

3 预制楼梯采用预留锚固钢筋方式时,应先放置预制楼梯,再与现浇梁或板浇筑连接成整体。

4 预制楼梯与现浇梁或板之间采用搁置方式时,应先施工现浇梁或板,再搁置预制楼梯进行连接。

7.7.4 外挂墙板安装应符合下列规定:

1 外墙墙板应以轴线和外轮廓线同时控制墙板的安装位置。

2 外挂墙板安装就位后应临时固定,测量墙板的标高、垂直度、接缝宽度等,通过节点连接件或墙底调平装置、临时支撑进行调整。

3 点支承外挂墙板连接节点采用焊接施工时,不应烧伤外挂墙板的混凝土和保温材料。

4 外挂墙板安装过程中应采取保护措施,避免墙板边缘及饰面层被污染、损伤。

5 外挂墙板的连接节点及接缝构造应符合设计要求;墙板安装完成后,应及时移除临时支承支座、墙板接缝内的传力垫块。

7.8 安装成品保护

7.8.1 装配整体式混凝土结构施工完成后,竖向构件阳角、楼梯踏步口宜采用木条(板)包角保护。

7.8.2 预制构件现场装配过程中,宜对预制构件原有的门窗框、预埋件等产品进行保护,装配整体式混凝土结构质量验收前不得拆除或损坏。

7.8.3 预制外墙板饰面砖、石材、涂刷等装饰材料表面可采用贴膜或其他专业材料进行保护。

7.8.4 预制楼梯饰面砖宜采用现场后贴施工方式,当采用构件制作先贴法时,应采取铺设木板或其他覆盖形式的成品保护措施。

7.8.5 密封止水条、高低口、墙体转角等薄弱部位,应采用定型保护垫块或专用式套件作加强保护。

7.8.6 装配式混凝土建筑的预制构件和部品在安装施工过程前后均不应受到施工机具碰撞。

7.8.7 施工梯架、工程用的物料等不得支撑、顶压或斜靠在部品上。

7.8.8 当进行楼地面施工时,应防止物料污染、损坏预制构件和部品表面。

8 预制构件连接施工

8.1 一般规定

8.1.1 装配整体式混凝土结构中,预制构件连接节点应根据受力和工艺要求选用套筒灌浆连接、浆锚搭接连接、机械连接、焊接连接和后浇混凝土等方式。

8.1.2 套筒灌浆连接钢筋接头性能应符合现行行业标准《钢筋套筒灌浆连接应用技术规程》JGJ 355 的规定。

8.1.3 钢筋套筒灌浆连接施工前,施工单位应编制套筒灌浆连接专项施工方案,并应在施工方案中明确灌浆工序的作业时间节点、灌浆料拌合、分仓设置、补灌工艺和坐浆工艺等要求。

8.1.4 灌浆施工过程中,专职管理人员应进行全过程质量监控,并留有全过程视频记录。

8.2 套筒灌浆连接

8.2.1 施工单位宜选择有代表性的单元或部位进行试制作、试安装、试灌浆。

8.2.2 采用钢筋套筒灌浆连接的预制构件施工,应符合下列规定:

    1 现浇混凝土中伸出的钢筋应采用专用套板进行定位,并应采取可靠的固定措施控制连接钢筋的中心位置,使外露长度满足设计要求。

    2 构件安装前应检查预制构件上套筒及预留孔的规格、位置、数量和深度;当套筒或预留孔内有杂物时,应清理干净。

3 应检查被连接钢筋的规格、数量、位置和长度。连接钢筋中心位置存在严重偏差而影响预制构件安装时,应会同设计单位制定专项处理方案,严禁随意切割或强行调整定位钢筋。

4 应采取可靠的保护措施,确保混凝土浇筑时不污染连接钢筋。

8.2.3 墙、柱构件与楼面连接处的水平缝应符合下列规定:

1 构件安装前,应清洁水平缝。

2 构件底部应设置可调整水平缝厚度和底部标高的垫块。

3 钢筋套筒灌浆连接接头在灌浆前,应对水平缝周围进行封堵,封堵措施应符合结合面承载力设计要求。

8.2.4 灌浆施工方式及构件安装应符合下列规定:

1 应根据施工条件、操作经验选择连通腔灌浆施工或坐浆法施工;高层建筑预制混凝土剪力墙板宜采用连通腔灌浆施工,当有可靠经验时也可采用坐浆法施工。

2 竖向构件采用连通腔灌浆施工时,应合理划分连通灌浆区域;每个区域除预留灌浆孔、出浆孔与排气孔外,应采取措施确保连通腔周围封闭以形成密闭空腔,不应漏浆;连通灌浆区域内任意两个灌浆套筒间距不宜超过 1.5 m,连通腔内预制构件底部与下部结构上表面的最小间隙不得小于 10 mm。

3 钢筋水平连接时,灌浆套筒应各自独立灌浆。

8.2.5 预制梁纵向水平钢筋采用套筒灌浆连接时,施工措施应符合下列规定:

1 连接钢筋的外表面应标记插入灌浆套筒最小锚固长度的标志,标志位置应准确,颜色应清晰。

2 对灌浆套筒与钢筋之间的缝隙应设置防止灌浆时灌浆料拌合物外漏的封堵措施。

3 预制梁的水平连接钢筋轴线偏差不应大于 5 mm,超过允许偏差时应予以修正处理。

4 与既有结构的水平钢筋相连接时,新连接钢筋的端部应设有保证连接钢筋同轴、稳固的装置。

5 灌浆套筒安装就位后,灌浆孔和出浆孔应位于套筒水平轴正上方±45°的锥体范围内,并安装有孔口超过灌浆套筒外表面最高位置的连接管或连接头。

8.2.6 灌浆料使用前应检查产品包装上的有效期和产品外观,并应符合下列规定:

1 拌合用水应符合现行行业标准《混凝土用水标准》JGJ 63 的有关规定。

2 加水量应按灌浆料使用说明书的要求确定,并应按重量计量。

3 灌浆料拌合物宜采用专用的搅拌设备进行充分均匀搅拌,并宜静置 2 min,刮除表面气泡后使用。

4 搅拌完成后不得再次加水。

5 每工作班应检查灌浆料拌合物初始流动度不少于 1 次。

6 强度检验试件的留置要求应符合现行行业标准《钢筋套筒灌浆连接应用技术规程》JGJ 355 的有关规定。

8.2.7 灌浆施工应按专项施工方案执行,并应符合下列规定:

1 灌浆操作全过程应有专职检验人员负责现场监督,并应形成施工检查记录且留有影像文件。

2 灌浆连接施工前应进行灌浆料初始流动度检验并记录有关参数,经检验流动度合格后方可使用。

3 灌浆施工时,施工温度应符合灌浆料产品使用说明书要求。

4 对竖向钢筋套筒灌浆连接,灌浆作业应采用压浆法从灌浆套筒下灌浆孔注入;当灌浆料拌合物从构件其他灌浆孔、出浆孔流出后,应及时进行封堵。

5 竖向钢筋套筒灌浆连接采用连通腔灌浆时,宜采用一点灌浆的方式;当一点灌浆遇到问题而需要改变灌浆点时,各灌浆套筒中已封堵灌浆孔、出浆孔应重新打开,待灌浆料拌合物再次流出后再次进行封堵。

6 对水平钢筋套筒灌浆连接,灌浆作业应采用压浆法从灌浆套筒灌浆孔注入;当灌浆套筒灌浆孔、出浆孔的连接管或连接头处的灌浆料拌合物均高于灌浆套筒外表面最高点时,应停止灌浆,并及时封堵灌浆孔、出浆孔。

7 灌浆料拌合物应在制备后 30 min 内用完。

8 散落的灌浆料拌合物不得二次使用,剩余的拌合物不得在再次添加灌浆料或水后混合使用。

9 在灌浆完成且浆料凝结前,应对已灌浆的接头进行巡视检查;如有漏浆,应及时处理。

8.3 螺栓连接

8.3.1 预制构件采用螺栓连接时,可采用连接接缝一端预埋螺栓或螺纹套筒,另一端预留安装手孔的形式,利用螺母或螺栓进行连接。

8.3.2 预制构件采用螺栓连接时,应按设计或有关规范的要求进行施工检查和质量控制,并应对外露铁件采取防腐和防火措施。

8.3.3 构件吊装就位并调整好标高及垂直度后,应先进行螺栓连接,并应待螺栓可靠连接后卸去吊具。

8.3.4 预制墙板采用螺栓连接方式时,墙底宜设置暗梁,手孔或预埋连接盒尺寸应满足安装螺杆的操作空间要求,且高度不宜大于 200 mm,宽度不宜大于 150 mm;安装螺栓后手孔或预埋连接盒应采用高一等级细石混凝土或灌浆料填实,墙内螺栓孔应采用灌浆料填实。

8.3.5 预制柱采用螺栓连接时,基础内的预留螺栓应采取措施进行精准定位,螺栓埋设施工应符合下列规定:

1 外露螺栓应与水平面保持垂直。

2 螺栓在平面内的中心线偏差应小于 2 mm。

3 螺栓的外露长度偏差应小于 5 mm。

8.3.6 采用螺栓连接器连接时,自连接器手孔盒顶部向上延伸一定范围内横向钢筋应加密,且加密要求应符合现行上海市工程建设规范《装配整体式混凝土公共建筑设计规程》DGJ 08—2154 的相关规定。

8.3.7 手孔封闭前,应对螺栓连接处进行终拧和质量检测。

8.3.8 高强度螺栓的安装应符合现行行业标准《钢结构高强度螺栓连接技术规程》JGJ 82 的有关规定。

8.4 后浇混凝土连接

8.4.1 后浇混凝土施工应编制施工方案。施工方案应区分狭窄部位后浇混凝土施工、叠合板和叠合梁后浇混凝土施工、预制混凝土剪力墙板间后浇段以及预制混凝土梁柱节点的后浇混凝土施工的不同特点,进行有针对性的方案设计,并应重点注意预制构件外露钢筋和预埋件的交叉对位和封模可靠。

8.4.2 叠合梁、板与现浇混凝土的连接处应形成粗糙接触面;预制构件与现浇混凝土接触面位置可采用拉毛或表面露石处理,也可采用凿毛处理。

8.4.3 后浇混凝土在浇筑前应对下列内容进行检查:

1 钢筋的牌号、规格、数量、位置和间距等。

2 纵向受力钢筋的连接方式、接头位置、接头数量、接头面积百分率和搭接长度等。

3 纵向受力钢筋的锚固方式及长度。

4 箍筋弯钩的弯折角度及平直段长度。

5 预埋件的规格、数量和位置。

6 混凝土粗糙面的质量,键槽的规格、数量和位置。

7 预留管线、线盒等的规格、数量、位置及固定措施。

8.4.4 装配整体式混凝土结构后浇混凝土部分的模板与支撑应符合下列规定:

1 水平叠合构件后浇混凝土的临时支撑应与构件安装时的临时支撑统一设计与搭设,宜采用工具式支架和定型模板。

2 预制构件的临时固定支撑位置应避免与模板支架或相邻支撑冲突。

3 模板与支撑应具有足够的承载力、刚度、整体稳定性。

4 模板应保证后浇混凝土部分形状、尺寸和位置准确。

5 模板安装应牢固、严密、不漏浆,且应便于钢筋安装和混凝土浇筑养护。

6 预制构件应根据施工方案要求预留与模板连接用的孔洞、螺栓或长螺母,预留位置应符合设计或施工方案要求。

7 模板与预制构件接缝处应采取防止漏浆的措施,可粘贴密封条。

8.4.5 装配整体式结构的连接处后浇混凝土施工应符合下列规定:

1 浇筑前应清除浮浆、松散骨料和污物,并应采取湿润的技术措施。

2 同一连接接缝的混凝土连续浇筑,应在底层混凝土初凝之前,将上一层混凝土浇筑完毕。

3 竖向连接接缝可逐层浇筑,每层浇筑高度不宜大于 2 m,预制构件连接节点和连接接缝部位应加密振捣点,并适当延长振捣时间。

4 混凝土浇筑应布料均衡,浇筑和振捣时应对模板及支架进行观察和维护,发生异常情况应及时处理;构件接缝混凝土浇筑和振捣应采取措施防止模板、相连接构件、钢筋、预埋件及其定位件移位。

8.4.6 采用装配整体式型钢混凝土框架结构时,应符合下列规定:

1 连接用焊接材料,其钢材的力学性能指标和耐久性要求等应符合现行国家标准《钢结构设计标准》GB 50017 的有关规定。

2 一倍梁截面高度范围内的梁、一倍柱截面高度范围内的柱与节点区域同时后浇混凝土。

3 施工中应确保现场型钢柱拼接和梁柱节点连接的焊接质量,其焊缝质量应达到一级焊缝质量等级要求。对一般部位的焊缝,应进行外观质量检查,并应满足二级焊缝质量等级要求。

4 型钢钢板制孔应采用工厂车床制孔,严禁现场用氧气切割开孔。

8.4.7 利用装配式混凝土预制柱内的钢筋做防雷引下线时,应符合下列规定:

1 当钢筋直径大于或等于 16 mm 时,应利用两根钢筋作为一组防雷引下线;当钢筋直径大于或等于 10 mm 且小于 16 mm 时,应利用 4 根钢筋作为一组防雷引下线。

2 当连接处采用套筒灌浆连接时,连接处的钢筋应采用与结构柱内同等截面的钢筋或扁钢在套筒外侧进行跨接,跨接的搭接长度应符合现行国家标准《建筑物电子信息系统防雷技术规范》GB 50343 的有关规定。

3 钢筋的搭接焊缝应均匀、饱满,不得有夹渣、裂纹等现象。

4 接地装置的焊接应采用搭接焊,除埋设在混凝土外,金属型钢的焊接表面应采取防腐措施。

8.5 密封连接

8.5.1 预制外墙板接缝连接应采用防水密封胶,施工应符合下列规定:

1 密封防水部位的基层应牢固,表面应平整、密实,不得有蜂窝、麻面、起皮和起砂现象。嵌缝密封材料的基层应干净和干燥。

2 密封材料嵌填应饱满、密实、均匀、顺直、表面平滑,其厚度应满足设计要求。

3 嵌缝密封材料与构件组成材料应彼此相容。

4 采用多组分基层处理剂时,应根据有效时间确定使用量。

5 密封材料嵌填后不得碰损和污染。

6 墙板外侧接缝应在外墙板校核固定后,先安放填充材料,再进行注胶。防水密封胶的注胶宽度、厚度应符合设计要求,胶缝均匀顺直,饱满密实,表面光滑连续,不应有裂缝现象;外墙板"十"字接缝处的防水密封胶注胶应连续完成,以水平缝为主。

7 外墙预留孔应在封堵前清孔、湿润,填塞密实后再进行防水处理。

8.5.2 当接缝深度过深时,应填装背衬材料,调整接缝深度以满足设计要求,背衬材料的填装应符合下列规定:

1 背衬材料宽度宜为缝宽的 1.3 倍~1.5 倍,背衬材料填装后应与接缝两侧基材紧密无空隙。

2 背衬材料应均匀填装,连续铺设在接缝中,并应在接头处作 45°切割后搭接。

8.5.3 当接缝深度与密封胶的设计深度接近,不能填充背衬材料时,应在变形缝底面设置防粘材料。防粘材料应确保与接缝底面粘结牢固,非变形缝可不设防粘材料。

8.5.4 在接缝两侧基材外表面粘贴防污带时,应符合下列规定:

1 应确保防污带粘贴牢固、平整、顺直。

2 防污带的粘贴应于施胶作业当天进行。

8.5.5 若需涂刷底涂,则应符合下列规定:

1 涂刷底涂应薄而均匀,不得少涂、漏涂、多涂。

2 底涂施工应在施胶之前 15 min~30 min 内进行;若底涂施工完成后未能于同一天及时施胶,再次施胶之前应重新涂刷底涂。

8.5.6 密封胶混合应符合下列规定:

1 单组分密封胶可直接使用。

2 多组分密封胶应按规定配合比投料,并使用专用的混胶机器均匀混合;已混合好的密封胶须用专用的胶枪抽取施胶,并应在适用期内使用。

8.5.7 施胶完成后,应在密封胶的规定操作时间内,逆着施胶方向,用抹刀对胶缝进行压实和整平,以确保胶体饱满密实及表面平整光滑。高温施工时宜将胶体表面修饰成平面形状,低温施工时宜将胶体表面修饰成凹面形状。密封胶刮平后,应及时除去防污带。

8.5.8 密封胶未完全固化前,应注意施胶成品的保护,基材不可有大的位移移动,密封胶不可接触水或其他化学物质。

8.5.9 预制外墙板连接接缝采用防水胶带施工应符合下列规定:

1 预制外墙板接缝处防水胶带粘贴宽度、厚度应符合设计要求,防水胶带应在预制构件校核固定后粘贴。

2 施工前粘接面应清理干净,并涂刷界面剂。

3 防水胶带应与预制构件粘接牢固,不得虚粘。

8.5.10 接缝密封施工完成后应在外墙面做淋水、喷水试验,并观察外墙内侧墙体有无渗漏。

8.5.11 密封胶应在大气温度为 5℃~35℃ 的环境下施工。

8.6 其他连接

8.6.1 纵向钢筋采用浆锚搭接连接时,对预留孔成孔工艺、孔道形状和长度、构造要求、灌浆料和被连接钢筋应进行力学性能以及适用性的试验验证。

8.6.2 预制构件节点连接可采用超高性能混凝土材料连接。当框架结构梁柱节点采用二维或多维预制时,预制构件连接节点可设置在梁端和柱底。预制剪力墙结构节点连接采用超高性能混凝土材料时,设置在剪力墙底部。

8.6.3 节点连接处超高性能混凝土施工前应制定施工专项方案,包括施工准备方案、搅拌方案、运输方案、浇筑方案、养护方案、验收方法和应急方案等。

8.6.4 超高性能混凝土材料进场前应进行进场检验,施工前应进行现场检验。搅拌好的混凝土应进行扩展度检验,扩展度应符合施工需求。试件应采用标准条件进行养护,其抗压性能应按照现行国家标准《活性粉末混凝土》GB/T 31387 进行试验。

8.6.5 浇筑和成型过程中应保证预制构件节点处超高性能混凝土密实、纤维分布均匀,避免出现拌合物离析、分层以及纤维裸露于构件表面。若采用常温保湿养护,应尽早用薄膜覆盖,保湿养护 7 d 以上。

9 分项工程施工质量验收

9.1 一般规定

9.1.1 装配整体式混凝土结构中的预制结构部分应按混凝土结构子分部工程中的装配式结构分项工程进行验收,现浇结构部分可根据实际情况按混凝土结构子分部工程中的模板、钢筋、预应力、混凝土、现浇结构分项工程进行验收。装配整体式混凝土结构验收的具体要求应符合现行国家标准《混凝土结构工程施工质量验收规范》GB 50204 的规定。

9.1.2 装配式结构分项工程可根据施工、质量控制和专业验收的需要,按楼层、结构缝或施工段等划分检验批。混凝土结构子分部工程中的其他分项工程的检验批的划分应符合现行国家标准《混凝土结构工程施工质量验收规范》GB 50204 的规定。

9.1.3 检验批的抽样方案、抽样样本、抽样数量应符合现行国家标准《建筑工程施工质量验收统一标准》GB 50300 的规定。

9.1.4 装配整体式混凝土结构工程施工用的原材料、部品、构配件均应按检验批依次进场验收。

9.1.5 装配整体式混凝土结构连接节点及叠合构件浇筑混凝土前,应进行隐蔽工程验收。隐蔽工程验收应包括下列主要内容:

    1 混凝土粗糙面的质量,键槽的尺寸、数量和位置。

    2 钢筋的牌号、规格、数量、位置和间距,箍筋弯钩的弯折角度及平直段长度。

    3 钢筋的连接方式、接头位置、接头数量、接头面积百分率、搭接长度、锚固方式及锚固长度。

    4 预埋件、预留管线的规格、数量和位置。

    5 预制混凝土构件接缝处防水、防火构造。

    6 保温拉结件规格、数量、位置及保温层完整性。

    7 其他隐蔽项目。

9.1.6 装配整体式混凝土结构验收时应提交下列资料:

    1 工程设计文件、预制构件安装施工图和加工制作详图。

    2 预制构件、主要材料及配件的质量证明文件、首件验收记录、进场验收记录、抽样复验报告、结构性能检验报告。

    3 预制构件首段验收记录、安装施工记录。

    4 钢筋套筒灌浆连接型式检验报告或匹配检验报告、工艺检验报告和施工检验记录,浆锚搭接连接的施工检验记录。

    5 灌浆施工过程中的灌浆令,灌浆施工记录表及相关视频资料。

    6 吊装、打胶施工过程中的吊装令、打胶令,吊装打胶记录表及相关资料。

    7 后浇混凝土部位的隐蔽工程检查验收文件。

    8 后浇混凝土、灌浆料、座浆料强度检测报告。

    9 现浇部分实体检验记录。

    10 钢筋套筒灌浆连接灌浆饱满性检验报告。

    11 外墙防水施工质量检验记录。

    12 外墙现场施工的装饰、保温检测报告。

    13 重大质量问题处理方案和验收记录。

    14 其他相关文件和记录。

9.1.7 装配整体式混凝土结构施工质量验收合格应同时符合下列规定:

    1 所含分项工程质量验收应合格。

    2 应有完整的质量控制资料。

    3 观感质量验收应合格。

4 结构实体检验应满足设计或标准要求。

5 应参照现行国家标准《建筑工程施工质量验收统一标准》GB 50300 和《混凝土结构工程施工质量验收规范》GB 50204 增加检验批、分项、分部验收记录空表。

9.1.8 当装配整体式混凝土结构施工质量不符合要求时,应按下列规定进行处理:

1 经返工、返修或更换构件部件的检验批,应重新进行验收。

2 经有资质的检测单位检测鉴定达到设计要求的检验批,应予以验收。

3 经有资质的检测单位检测鉴定达不到设计要求,但经原设计单位核算并确认仍可满足结构安全和使用功能的检验批,可予以验收。

4 经返修或加固处理后能够满足结构安全使用要求的分项工程,可根据技术处理方案和协商文件进行验收。

9.1.9 装配整体式混凝土结构施工质量验收合格后,应填写施工质量验收记录,并将验收资料存档备案。

9.1.10 经返修或加固处理仍不能满足安全或重要使用要求的子分部工程及分部工程,严禁验收。

9.2 预制构件验收

Ⅰ 主控项目

9.2.1 专业企业生产的预制构件应具有相关质量证明文件,其质量应符合国家相关标准的规定和设计要求。

检查数量:全数检查。

检验方法:检查质量证明文件或质量验收记录。

9.2.2 专业企业生产的预制构件进场时,预制构件结构性能检验应符合下列规定:

1 梁板类简支受弯预制构件进场时应进行结构性能检验，并应符合下列规定：

    1） 结构性能检验应符合现行国家标准的有关规定及设计要求，检验要求和试验方法应符合现行国家标准《混凝土结构工程施工质量验收规范》GB 50204 的有关规定。

    2） 钢筋混凝土构件和允许出现裂缝的预应力混凝土构件应进行承载力、挠度和裂缝宽度检验；不允许出现裂缝的预应力混凝土构件应进行承载力、挠度和抗裂检验。

    3） 对大型构件及有可靠应用经验的构件，可只进行裂缝宽度、抗裂和挠度检验。

    4） 对使用数量较少的构件，当能提供可靠依据时，可不进行结构性能检验。

    5） 对多个工程共同使用的同类型预制构件，结构性能检验可共同委托，其结果对多个工程共同有效。

2 对于不可单独使用的叠合板预制底板，可不进行结构性能检验。对于叠合梁构件是否进行结构性能检验及其检验方式，应根据设计要求确定。

3 对本条第 1、2 款之外的其他预制构件，除设计有专门要求外，进场时可不做结构性能检验。

4 对本条第 1～3 款规定中不做结构性能检验的预制构件，应采取下列措施：

    1） 施工单位或监理单位代表应驻厂监督生产过程，并对预制构件质量证明文件进行确认。

    2） 当无驻厂监督时，预制构件进场时应对其主要受力钢筋数量、规格、间距、保护层厚度及混凝土强度等进行实体检验。

检验数量：结构性能检验时，同一类型预制构件不超过 1 000 个为一批，每批随机抽取 1 个构件进行检验；实体检验时，同一类型预制构件不超过 1 000 个为一批，每批随机抽取构件数量的 2%且不少于 5 个构件进行检验。

检验方法:检查结构性能检验报告或实体检验报告。

9.2.3 预制构件进场时应对硬化混凝土中的氯离子含量进行检验,其含量应符合现行国家标准《混凝土结构设计规范》GB 50010 的有关规定。

检验数量:同一单位工程、同一强度等级、同一生产单位的预制构件混凝土方量小于 1 500 m³ 的,应至少检验 2 次;大于 1 500 m³ 且小于 5 000 m³ 的,应至少检验 4 次;大于 5 000 m³ 的,应至少检验 6 次。

检验方法:检查混凝土氯离子含量检测报告。

9.2.4 预制构件的混凝土外观质量不应有严重缺陷,且不应有影响结构性能和安装、使用功能的尺寸偏差。

检查数量:全数检查。

检验方法:观察、尺量;检查处理记录。

9.2.5 预制构件上的预埋件、预留插筋、预埋管线等的规格和数量以及预留孔、预留洞的数量应符合设计要求。

检查数量:全数检查。

检验方法:观察、尺量。

Ⅱ 一般项目

9.2.6 预制构件表面应有标识,且标识应清晰可靠。

检查数量:全数检查。

检验方法:观察或通过芯片、二维码读取。

9.2.7 预制构件的外观质量不应有一般缺陷。

检查数量:全数检查。

检验方法:观察,检查处理记录。

9.2.8 预制楼板(叠合楼板)、预制墙板、预制梁(叠合梁)柱、预制阳台板、空调板、楼梯等构件尺寸偏差及检验方法,以及施工过程中临时使用预埋件的位置偏差及检验方法,均应符合现行国家标准《混凝土结构工程施工质量验收规范》GB 50204 和上海市工程建设规范《装配整体式混凝土结构预制构件制作与质量检验规程》DGJ 08—2069 的有关规定。

检查数量:按照进场检验批,同一规格(品种)的构件不超过 100 个为一批,每批应抽查构件数量的 5%,且不少于 5 件,少于 5 件则全数检查。

检验方法:尺量。

9.2.9 装饰构件外观尺寸偏差及检验方法应符合现行国家标准《混凝土结构工程施工质量验收规范》GB 50204 和上海市工程建设规范《装配整体式混凝土结构预制构件制作与质量检验规程》DGJ 08—2069 的有关规定。

检查数量:按照进场检验批,同一规格(品种)的构件每次抽检数量不应少于该规格(品种)数量的 5%且不少于 5 件,少于 5 件则全数检查。

检验方法:尺量。

9.2.10 预制构件门框和窗框尺寸偏差及检验方法应符合现行国家标准《混凝土结构工程施工质量验收规范》GB 50204 和现行上海市工程建设规范《装配整体式混凝土结构预制构件制作与质量检验规程》DGJ 08—2069 的有关规定。

检查数量:按照进场检验批,同一规格(品种)的构件每次抽检数量不应少于该规格(品种)数量的 5%且不少于 5 件,少于 5 件则全数检查。

检验方法:尺量。

9.2.11 预制构件键槽的数量和粗糙面的处理方式应符合设计要求。预制构件粗糙面凹凸深度尺寸偏差及检验方法应符合现行国家标准《混凝土结构工程施工质量验收规范》GB 50204 和现行上海市工程建设规范《装配整体式混凝土结构预制构件制作与质量检验规程》DGJ 08—2069 的有关规定。

检查数量:键槽数量、粗糙面处理方式应全数检查。对粗糙

面凹凸深度,同一类型的构件,不超过 100 个为一批,每批应抽查
构件数量的 10%,且不应少于 5 个。粗糙面凹凸深度检验时,在
每个抽查构件代表性位置测量 30 个点,取平均值。

检验方法:观察、尺量。

9.3 安装施工与连接验收

I 主控项目

9.3.1 预制构件生产前、现场灌浆施工前、工程验收时,应按现
行行业标准《钢筋套筒灌浆连接应用技术规程》JGJ 355 的规定,
对接头型式检验报告或接头匹配检验报告进行检查。

9.3.2 常温型钢筋连接用套筒灌浆料进场时,应对常温型灌浆
料拌合物初始流动度 30 min 流动度、泌水率、1 d 抗压强度、3 d 抗
压强度、28 d 抗压强度、3 h 竖向膨胀率以及 24 h 与 3 h 竖向膨胀
率差值进行检验,检验结果应符合现行行业标准《钢筋连接用套
筒灌浆料》JG/T 408 的规定。

检查数量:同一成分、同一批号的灌浆料,不超过 50 t 为
一批。

检验方法:检查质量证明文件及复验报告。

9.3.3 常温型封浆料进场时,应对常温型封浆料拌合物的 1 d 抗
压强度、3 d 抗压强度、28 d 抗压强度进行检验,检验结果应符合
现行行业标准《钢筋套筒灌浆连接应用技术规程》JGJ 355 的
规定。

检查数量:同一成分、同一批号的封浆料,不超过 50 t 为一批。

检验方法:检查质量证明文件和复验报告。

9.3.4 座浆料进场时,应对座浆料拌合物凝结时间、保水率、稠
度、2 h 稠度损失率及 1 d 抗压强度、3 d 抗压强度、28 d 抗压强度
进行检验,检验结果应符合现行行业标准《钢筋套筒灌浆连接应
用技术规程》JGJ 355 的规定。

检查数量:同一成分、同一批号的座浆料,不超过 50 t 为一批。

检验方法:检查质量证明文件和复验报告。

9.3.5 浆锚搭接连接用的灌浆料进场时,应对泌水率、流动度(初始值、30 min 保留值)、3 h 竖向膨胀率、24 h 与 3 h 竖向膨胀率差值、抗压强度(1 d、3 d、28 d)、氯离子含量进行复验,检验结果应符合现行行业标准《装配式混凝土结构技术规程》JGJ 1 的规定。

检查数量:同一厂家、同一成分、同一批号的灌浆料,不超过 50 t 为一批。

检验方法:检查质量证明文件及复验报告。

9.3.6 采用钢筋套筒灌浆连接的,应对不同钢筋生产单位的进场钢筋进行接头工艺检验,检验合格后方可进行构件生产、灌浆施工。接头工艺检验应符合下列规定:

1 工艺检验应在预制构件生产前及灌浆施工前分别进行。

2 对已完成匹配检验的工程,如现场灌浆施工与匹配检验时的灌浆单位相同,且采用的钢筋相同,可由匹配检验代替工艺检验。

3 工艺检验应模拟施工条件与操作工艺,采用进厂(场)验收合格的灌浆料制作接头试件,并应按接头提供单位提供的作业指导书进行。

4 施工过程中如发生下列情况,应再次进行工艺检验:

 1)更换钢筋生产单位,或同一生产单位生产的钢筋外形尺寸与已完成工艺检验的钢筋有较大差异。

 2)更换灌浆施工工艺。

 3)更换灌浆单位。

5 接头和灌浆料试件制作应符合下列规定:

 1)每种规格钢筋应制作 3 个对中套筒灌浆连接接头。

 2)变径接头应单独制作。

 3)采用灌浆料拌合物制作的 40 mm × 40 mm × 160 mm 试件不应少于 1 组。

4）灌浆料接头和灌浆料试件的制作及养护条件应符合现行行业标准《钢筋套筒灌浆连接应用技术规程》JGJ 355 的规定。

6 接头的屈服强度、抗拉强度、残余变形和灌浆料 28 d 抗压强度应符合现行行业标准《钢筋套筒灌浆连接应用技术规程》JGJ 355 的规定。

9.3.7 灌浆套筒进厂（场）时，应抽取灌浆套筒并采用与之匹配的灌浆料制作对中连接接头试件，标准养护 28 d 后进行抗拉强度检验，检验结果应符合现行行业标准《钢筋套筒灌浆连接应用技术规程》JGJ 355 的规定。

检查数量：同一批号、同一类型、同一规格的灌浆套筒，不超过 1 000 个为一批，每批随机抽取 3 个灌浆套筒制作对中连接接头试件。

检验方法：检查质量证明文件和抽样检验报告。

9.3.8 套筒灌浆施工中，应采用实际应用的灌浆套筒、灌浆料制作平行加工对中连接接头试件，并应进行抗拉强度检验。接头试件的制作与检验结果应符合现行行业标准《钢筋套筒灌浆连接应用技术规程》JGJ 355 的规定。

检查数量：不超过四个楼层的同一批号、同一类型、同一强度等级、同一规格的接头试件，不超过 1 000 个为一批，每批制作 3 个对中连接接头试件。所有接头试件都应在监理单位或建设单位的监督下由现场灌浆人员随施工进度平行制作，不得提前制作。

检验方法：检查接头抗拉强度试验报告。

9.3.9 钢筋套筒灌浆连接及浆锚搭接连接用的灌浆料强度应符合国家现行有关标准的规定及设计要求。

检查数量：以每层为一检验批，按批检验；每工作班应制作 1 组且每层不应少于 3 组 40 mm×40 mm×160 mm 的长方体试件，标准养护 28 d 后进行抗压强度检验。同条件养护试件的数量根据实际需要确定。

检验方法:检查灌浆施工记录及灌浆料强度试验报告。

9.3.10 套筒灌浆施工中,宜采用方便观察且有补浆功能的器具或其他可靠手段,对钢筋套筒灌浆连接接头的灌浆饱满性进行监测。现浇与预制转换层宜全数采用监测器具;其余楼层宜抽取不少于灌浆套筒总数的 20%,每个构件宜抽取不少于 2 个灌浆套筒,其中外墙每个构件宜抽取不少于 3 个灌浆套筒。

9.3.11 套筒灌浆施工过程中所有出浆口均应平稳连续出浆。灌浆完成后,灌浆套筒内灌浆料应密实饱满,并应进行灌浆饱满性实体检验。

检查数量:外观全数检查。对灌浆饱满性进行实体抽检,现浇与预制转换层应抽取预制构件数不少于 5 件,且灌浆套筒不少于 15 个;其他楼层每层应在 3 个预制构件上随机抽取不少于 3 个套筒;每个灌浆套筒应在出浆口处检查 1 个点。

检验方法:观察;检查施工记录、灌浆施工质量检查记录、影像资料、套筒灌浆饱满性检测记录。

9.3.12 当施工过程中灌浆料抗压强度、灌浆接头抗拉强度、灌浆饱满性不符合要求时,应按下列规定进行处理:

1 对于灌浆饱满性不符合要求的情况,应按技术方案进行补灌措施,且应重新进行验收;当无法补灌时,可委托专业检测机构按实际灌浆饱满性制作接头试件,并按型式检验要求检验。如检验结果符合相关要求,可予以验收;如不符合,可按灌浆接头抗拉强度不合格进行处理。

2 对于灌浆料抗压强度不合格的情况,当满足灌浆料强度实体检验条件时,可委托专业检测机构进行灌浆料实体强度检验。当实体强度检验结果符合设计要求时,可予以验收;如不符合,可按本条第 3 款进行处理。

3 对于灌浆料抗压强度不合格的情况,可委托专业检测机构按灌浆料实际抗压强度制作接头试件,按型式检验要求检验。

如检验结果符合相关要求,可予以验收;如不符合,可按灌浆接头抗拉强度不合格进行处理。

4 对于灌浆接头抗拉强度不合格的情况,可根据实际抗拉强度,由设计单位进行核算。如经核算并确认仍可满足结构安全和使用功能的,可予以验收;对于核算不合格的情况,如经返修或加固处理能够满足结构可靠性要求的,可根据处理文件和协商文件进行验收。

5 对于无法处理的情况,应切除或拆除构件,重新安装构件并灌浆施工,也可采用现浇的方式完成构件施工。

检查数量:全数检查。

检验方法:检查处理记录。

9.3.13 装配式混凝土结构采用后浇混凝土连接时,构件连接处后浇混凝土的强度应符合设计要求。

检查数量:同一配合比混凝土,每工作班且建筑面积不超过1 000 m² 应制作一组标准养护试件,同一楼层应制作不少于 3 组标准养护试件。

检验方法:检查后浇混凝土强度试验报告及评定记录。

9.3.14 预制构件底部接缝封浆料或座浆料强度应满足设计要求。

检查数量:按批检验,以每层为一检验批;每工作班同一配合比应制作 1 组且每层不应少于 3 组 40 mm×40 mm×160 mm 的试件,标准养护 28 d 后进行抗压强度试验。

检验方法:检查封浆料或座浆料强度试验报告及评定记录。

9.3.15 预制构件采用浆锚搭接连接时,浆锚孔道灌浆饱满性检测可参照本标准第 9.3.10 条和第 9.3.11 条执行。预制构件采用螺栓连接且螺栓孔采用灌浆料填实时,螺栓孔灌浆饱满性检测可参照本标准第 9.3.10 条和第 9.3.11 条执行。

9.3.16 当对预制构件底部接缝灌浆质量有怀疑时,可采用超声法进行检测,必要时可采用局部破损法进行验证。

9.3.17 叠合剪力墙、空腔预制墙内混凝土的成型质量应全数检查。

9.3.18 钢筋采用机械连接时,其接头质量应符合现行行业标准《钢筋机械连接技术规程》JGJ 107 的有关规定。

检查数量:应符合现行行业标准《钢筋机械连接技术规程》JGJ 107 的有关规定。

检验方法:检查钢筋机械连接施工记录及平行加工试件的强度试验报告。

9.3.19 钢筋采用焊接连接时,其焊缝的接头质量应满足设计要求,并应符合现行行业标准《钢筋焊接及验收规程》JGJ 18 的有关规定。

检查数量:应符合现行行业标准《钢筋焊接及验收规程》JGJ 18 的有关规定。

检验方法:检查钢筋焊接施工记录及平行加工试件的强度试验报告。

9.3.20 预制构件采用型钢焊接或螺栓连接时,钢板、焊接材料、螺栓等连接用材料的进场验收应符合现行国家标准《钢结构工程施工质量验收标准》GB 50205 的有关规定。

检查数量:应符合现行国家标准《钢结构工程施工质量验收标准》GB 50205 的有关规定。

检验方法:检查质量证明文件及复验报告。

9.3.21 预制构件采用型钢焊接连接时,焊接材料及焊缝质量应满足设计要求,并应符合现行国家标准《钢结构焊接规范》GB 50661 和《钢结构工程施工质量验收标准》GB 50205 的有关规定。

检查数量:全数检查。

检验方法:应符合现行国家标准《钢结构工程施工质量验收标准》GB 50205 的有关规定。

9.3.22 预制构件采用螺栓连接时,螺栓的材质、规格、拧紧力矩

应符合设计要求及现行国家标准《钢结构设计标准》GB 50017 和
《钢结构工程施工质量验收标准》GB 50205 的有关规定。

检查数量:全数检查。

检验方法:应符合现行国家标准《钢结构工程施工质量验收标准》GB 50205 的有关规定。

9.3.23 外墙板接缝处的密封材料进场时应进行复验,检验结果应符合设计和现行标准的要求。

检验数量:流动性、表干时间、挤出性(或适用期)、弹性恢复率、拉伸模量、定伸粘结性、浸水后定伸粘结性以同一品种、同一类型、同一级别的产品每 5 t 为一批进行检验,不足 5 t 也作为一批。参数"定伸粘结性""浸水后定伸粘结性"试验时,使用的基层材料应与该工程实际应用的一致。

检验方法:检查密封材料复验报告。

9.3.24 饰面砖与预制构件基面的粘结强度应符合现行行业标准《建筑工程饰面砖粘结强度检验标准》JGJ/T 110 和《外墙饰面砖工程施工及验收规程》JGJ 126 的规定。

检查数量:以每 500 m² 同类带饰面砖的预制构件为一检验批,不足 500 m² 应为一检验批;每批抽取一组 3 块板,每块板制取 1 个试样对饰面砖粘结强度进行检验。

检验方法:检查粘结强度检测报告。

9.3.25 外墙接缝密封胶完全固化后,施工单位应在监理人员见证下,按照现行国家标准《建筑用硅酮结构密封胶》GB 16776 中附录 D 方法 A 进行密封胶胶缝深度和胶粘性试验,试验结果应符合设计要求。

检查数量:每 1 000 m 为一批,不足 1 000 m 也为一批。

检验方法:检查胶缝深度和胶粘性试验报告。

9.3.26 外墙板接缝施工完成后,应对外墙板接缝的防水性能进行现场淋水试验,检测方法可按现行上海市工程建设规范《装配整体式混凝土建筑检测技术标准》DG/TJ 08—2252 执行。

检验数量:按批检验。每 1 000 m² 外墙(含窗)面积应划分为一个检验批,不足 1 000 m² 时也应划分为一个检验批;每个检验批每 100 m² 应至少抽查一处,抽查部位应为相邻两层 4 块墙板形成的水平和竖向十字接缝区域,面积不得少于 10 m²。

检验方法:检查现场淋水试验报告。

9.3.27 外挂墙板的安装连接节点应在封闭前进行检查并记录,节点连接应满足设计要求。

检验数量:全数检查。

检验方法:应符合现行国家标准《钢结构工程施工质量验收标准》GB 50205 的有关规定。

9.3.28 预制构件临时固定措施应符合设计、专项施工方案和现行国家有关标准的要求。

检验数量:全数检查。

检验方法:观察检查,检查施工方案、施工记录或设计文件。

9.3.29 装配式结构分项工程的外观质量不应有严重缺陷,且不得有影响结构性能和使用功能的尺寸偏差。

检验数量:全数检查。

检验方法:观察、量测;检查处理记录。

Ⅱ 一般项目

9.3.30 装配式结构分项工程的外观质量不应有一般缺陷。对已经出现的一般缺陷,应按技术处理方案进行处理,并应重新检查验收。

检验数量:全数检查。

检验方法:观察、量测;检查处理记录。

9.3.31 装配式结构分项工程的安装尺寸偏差及检验方法应符合设计要求;当设计无具体要求时,应符合本标准表 9.3.31 的规定。

检查数量:按楼层、结构缝或施工段划分检验批。同一检验批内,对梁、柱应抽查构件数量的 10%,且不少于 3 件;对墙、板应抽查具有代表性的自然间数量的 10%,且不少于 3 间;对大空间结构,墙可按相邻轴线间高度 5 m 左右划分检查面,板可按纵、横轴线划分检查面,抽查 10%,且均不少于 3 面。

检验方法:见表 9.3.31。

表 9.3.31　预制构件安装尺寸的允许偏差及检验方法

项目			允许偏差(mm)	检验方法
构件中心线对轴线位置	基础		15	经纬仪及尺量
	竖向构件(柱、墙、桁架)		4	
	水平构件(梁、板)		4	
构件标高	梁、柱、墙、板底面或顶面		±5	水准仪或拉线、尺量
构件垂直度	柱、墙	≤6 m	4	经纬仪或吊线、尺量
		>6 m	6	
构件倾斜度	梁、桁架		5	经纬仪或吊线、尺量
相邻构件平整度	板端面		5	2 m 靠尺和塞尺量测
	梁、板底面	外露	3	
		不外露	5	
	柱、墙侧面	外露	3	
		不外露	5	
构件搁置长度	梁、板		±10	尺量测
支座、支垫中心位置	板、梁、柱、墙、桁架		10	尺量测
墙板接缝	宽度		±8	尺量测

9.3.32　叠合混凝土结构空腔预制柱现场预留插筋、空腔预制墙水平连接钢筋与竖向连接钢筋,其安装位置、规格、数量、间距、锚固长度等应符合设计要求,且验收时应全数检查。

9.3.33 装配整体式混凝土建筑的饰面外观质量应符合设计要求，并应符合现行国家标准《建筑装饰装修工程质量验收标准》GB 50210 的有关规定。

检查数量：全数检查。

检验方法：观察、对比量测。

10 施工安全控制

10.1 一般规定

10.1.1 装配整体式混凝土结构施工过程中应按照现行行业标准《建筑机械使用安全技术规程》JGJ 33、《建筑施工安全检查标准》JGJ 59、《建筑施工高处作业安全技术规范》JGJ 80、《建设工程施工现场环境与卫生标准》JGJ 146,以及现行上海市工程建设规范《现场施工安全生产管理规范》DGJ 08—903 等安全、职业健康和环境保护的有关规定执行。

10.1.2 施工单位应建立健全装配整体式施工安全管理制度、安全交底制度和施工安全检查制度,以及危险性较大分部分项工程安全管理规定,明确各职能部门的安全职责。施工现场应定期组织安全检查,并对检查发现的安全隐患进行整改。针对装配式建筑施工的特点,对施工的安全风险点进行分析,制订相应的危险源识别内容并予以公布。

10.1.3 施工现场临时用电的安全应符合现行行业标准《施工现场临时用电安全技术规范》JGJ 46 和用电专项方案的规定。消防安全应符合现行国家标准《建设工程施工现场消防安全技术规范》GB 50720 的有关规定。

10.1.4 装配整体式混凝土结构施工的相关操作人员应持证上岗,包括但不限于吊装等特殊工种作业人员。

10.2 施工安全

10.2.1 预制构件吊装应满足下列要求:

    1 起重设备选型及布置应满足最不利构件工况要求,严禁超载吊装。起吊前应检查起重设备、吊索具是否完好,吊环及吊装螺栓旋入内置螺母的深度应满足施工验算要求,并加强检查频率。

2 吊装作业时应设置吊装区,周围设置警戒区,非作业人员严禁入内。起重臂和重物下方严禁有人停留、作业或通过。开始起吊时,应先将构件吊离地面 200 mm～300 mm 后停止起吊,并检查起重设备的稳定性、制动装置的可靠性、构件的平衡性和绑扎的牢固性等,待确认后方可继续起吊。

3 在吊装回转、俯仰吊臂、起落吊钩等动作前,应鸣声示意。吊运过程应平稳,不应有大幅度摆动,不应突然制动。构件应采用垂直吊运,严禁采用斜拉、斜吊,吊起的构件应及时就位。

4 吊运预制构件时,下方禁止站人,不得在构件顶面上行走,必须待吊物降落至离工作面 1 m 以内,方准靠近;就位固定后,方可脱钩。

5 吊装作业不宜夜间进行。在风力达到 5 级及以上或大雨、大雪、大雾等恶劣天气时,应停止露天吊装作业。重新作业前,应先试吊,并应确认各种安全装置灵敏可靠后进行作业。

6 起重机停止工作时,复位、关闭、锁好司机室门;吊钩上不得悬挂物件,并应升到高处,以免摆动伤人。

10.2.2 预制构件安装时应满足下列要求:

1 预制墙板、梁、柱等预制构件临时支撑必须牢固可靠。叠合楼板、叠合梁等水平预制构件支撑系统应经过计算设计,具有足够的承载力和稳定性。结构现浇部分的模板支撑系统不得利用预制构件下部临时支撑作为支点。

2 预制外墙板吊装时,宜设置安全绳,操作人员应站在楼层内,配备穿芯自锁保险带,并与安全绳或楼面内预埋件(点)扣牢。操作人员必须戴安全帽,高空作业还必须穿防滑鞋。

3 登高作业应采用专用梯子,应采用缆风绳进行构件安装。预制外墙板吊装就位后固定牢固后,方可进行脱钩。

4 高空构件装配作业时,严禁在结构钢筋上攀爬。高处作业使用的工具和零配件等,应采取防坠落措施,严禁上下抛掷。

5 在天气、停电等特殊情况下,对吊装中未形成空间稳定体系的部分应采取有效的加固措施。

6 当结构强度达到设计要求后,方可进行支撑、排架拆除。

10.2.3 在绑扎柱、墙钢筋时,应采用专用登高设施;当高于围挡时,必须佩戴穿芯自锁保险带。

10.2.4 安全防护采用围挡式安全隔离时,楼层围挡高度不应低于1.50 m,阳台围挡不应低于1.10 m,楼梯临边应加设高度不小于0.9 m的临时栏杆,楼梯平台处临边应加设高度不小于1.1 m的临时栏杆。

10.2.5 装配式混凝土结构施工宜采用安全围挡或安全防护操作架,特殊结构或必要的外墙板构件安装可选用外脚手架,脚手架搭设应符合下列规定:

1 安全围挡或安全防护操作架应与结构有可靠连接,进行施工工况安全计算复核,高度应满足安全防护需要。

2 安全围挡宜按照单个预制墙板进行拆分设计。安全围挡与外墙板间宜设置钢梁连接。

3 应按吊装顺序逐块拆除相应位置安全围挡;预制外墙板就位后,应及时安装上一层围挡。

4 安全防护操作架与预制外墙板逐一对应,宜配置两套系统。防护操作架应在堆场区进行安装,然后提升至操作面,不得交叉作业。

5 安全围挡、安全防护操作架在吊升阶段,应在吊装区域下方设置的安全警示区域内安排专人监护,且该区域不得随意进入。如有障碍,应及时查清,待排除障碍后方可继续吊升。

10.2.6 装配整体式结构施工现场应设置消防疏散通道、安全通道以及消防车通道,防火防烟应分区。施工现场应配置消防设施和器材,设置消防安全标志,并定期检验、维修,消防设施和器材应完好、有效。

11 绿色施工

11.1 一般规定

11.1.1 装配整体式混凝土结构施工应符合国家和地方现行绿色施工的标准,实现经济效益、社会效益和环境效益的统一。

11.1.2 实施装配整体式混凝土结构绿色施工,应根据因地制宜的原则,贯彻执行国家、行业和本市的现行有关标准和相关技术经济政策。

11.1.3 装配整体式混凝土结构施工应落实和推进绿色施工的新技术、新设备、新材料与新工艺。

11.1.4 装配整体式混凝土结构施工中所采用保温材料的品种和规格均应符合设计要求,其性能应符合国家和本市现行有关标准的规定。

11.2 节能环保与信息化施工

11.2.1 节材及材料利用应符合下列规定:

    1 应根据施工进度、材料使用时点、库存情况等制订材料的采购和使用计划。

    2 现场材料应堆放有序,并满足材料存储及质量保持的要求。

    3 工程施工使用的材料宜选用距离施工现场 500 km 以内生产的建筑材料。

    4 预制阳台、叠合板、叠合梁等宜采用工具式支撑体系,以提高周转率和使用效率。

5 应选用耐久、可周转及方便维护拆卸的调节杆、限位器等临时固定和校正工具。

6 装配式混凝土结构现浇部分施工使用的模板宜采用工具式模板。

11.2.2 对于装配式建筑的后浇混凝土部分,施工现场尽量避免现场搅拌,优先采用商品混凝土和预拌砂浆。

11.2.3 节能及能源利用应符合下列规定:

1 应合理安排施工顺序及施工区域,减少作业区机械设备数量。

2 进场构件应根据构件类型进行组合驳运,合理搭配各种构件类型,充分利用车辆空间,选用车辆适当,减少构件车辆驳运耗能。

3 预制混凝土叠合夹心保温墙板和夹心保温外墙板施工中,与内外叶墙板的连接件宜选用断热型抗剪连接件。

11.2.4 进场构件应根据构件吊装位置,就近布置构件堆放场地,避免二次搬运。

11.2.5 预制构件驳运过程中,应保持车辆的整洁,防止对道路的污染,减少道路扬尘,施工现场出口应设置洗车池。

11.2.6 构件装配时,施工楼层与地面联系不得选用扩音设备,应使用对讲机等低噪声器具或设备。

11.2.7 水污染控制应符合下列规定:

1 装配整体式混凝土结构施工中产生的粘结剂、稀释剂等易燃易爆化学制品的废弃物,应及时收集送至指定存储器内,按规定回收,严禁未经处理随意丢弃和堆放。

2 易挥发、易污染的底涂液、密封胶等液态材料,应使用密闭容器堆放。

11.2.8 对于预制混凝土叠合夹心保温墙板和夹心保温外墙板内保温系统,当采用粘贴板块或喷涂工艺的保温材料时,其组成材料应彼此相容,并应对人体和环境无害。

11.2.9 各责任主体单位应采用信息化管理及检验手段,通过信息化平台形成相关记录。

11.2.10 装配式建筑信息化管理应贯穿于设计、生产、运输、施工等全产业链各个阶段,宜包含建筑、结构、装修、机电等一体化的有关内容。

11.2.11 装配式建筑信息管理系统应按单位(子单位)工程建立并纳入相应工程质量信息中,大型或群体工程可按项目建立管理系统。

11.2.12 预制构件安装施工的信息化管理应符合下列要求:

  1 装配式建筑信息化管理系统应统筹建筑、结构、机电设备、部品部件、装配施工、装饰装修等内容,以提高装配式建筑各专业协调、一体化的能力。

  2 装配式建筑信息化管理系统应将设计阶段信息模型与时间、成本信息关联整合,进行管理。结合构件标识,记录构件吊装、施工关键信息,追溯、管理构件施工质量、施工进度等,实现施工过程精细化管理,且管理过程应符合下列规定:

    1)应实时反映构件产品的生产状态、运输状态、验收状态;根据系统反映的生产状态,监控构件生产的质量关键过程控制。

    2)应实现现场施工模拟,精确表达施工现场空间的冲突指标,优化施工场地布置和工序,辅助制定构件吊装的吊装计划和施工顺序,优化构件场地布置,合理确定施工组织方案。

    3)应运用信息管理系统进行项目算量分析,包括材料用量分析、人工用量分析、工程量分析等,实现建造成本精确控制。

    4)根据施工进度,应在信息化模型中调整、完善项目的各预制构件名称、安装位置、进场日期、厂家、合格情况、安装日期、安装人、安装顺序及安装过程等相关施工信息。

本标准用词说明

1　为便于在执行本标准条文时区别对待，对要求严格程度不同的用词说明如下：

1）表示很严格，非这样做不可的用词：

正面词采用"必须"；

反面词采用"严禁"。

2）表示严格，在正常情况下均应这样做的用词：

正面词采用"应"；

反面词采用"不应"或"不得"。

3）表示允许稍有选择，在条件许可时首先应这样做的用词：

正面词采用"宜"；

反面词采用"不宜"。

4）表示有选择，在一定条件下可以这样做的用词，采用"可"。

2　条文中指明应按其他有关标准执行的写法为"应符合……的规定"或"应按……执行"。

引用标准名录

1 《建筑材料及制品燃烧性能分级》GB 8624

2 《硅酮和改性硅酮建筑密封胶》GB/T 14683

3 《建筑用硅酮结构密封胶》GB 16776

4 《高分子防水材料 第2部分:止水带》GB 18173.2

5 《室内装饰装修材料 胶粘剂中有害物质限量》GB 18583

6 《建筑密封胶分级和要求》GB/T 22083

7 《活性粉末混凝土》GB/T 31387

8 《绿色产品评价 防水与密封材料》GB/T 35609

9 《混凝土结构设计规范》GB 50010

10 《钢结构设计标准》GB 50017

11 《工程测量标准》GB 50026

12 《混凝土质量控制标准》GB 50164

13 《混凝土结构工程施工质量验收规范》GB 50204

14 《钢结构工程施工质量验收标准》GB 50205

15 《建筑装饰装修工程质量验收标准》GB 50210

16 《建筑工程施工质量验收统一标准》GB 50300

17 《建筑物电子信息系统防雷技术规范》GB 50343

18 《建筑节能工程施工质量验收标准》GB 50411

19 《钢结构焊接规范》GB 50661

20 《混凝土结构工程施工规范》GB 50666

21 《建设工程施工现场消防安全技术规范》GB 50720

22 《混凝土结构现场检测技术标准》GB/T 50784

23 《建筑工程绿色施工规范》GB/T 50905

24 《装配式混凝土建筑技术标准》GB/T 51231

25 《聚氨酯建筑密封胶》JC/T 482

26 《聚硫建筑密封胶》JC/T 483

27 《混凝土接缝用建筑密封胶》JC/T 881

28 《钢筋连接用灌浆套筒》JG/T 398

29 《钢筋连接用套筒灌浆料》JG/T 408

30 《装配式混凝土结构技术规程》JGJ 1

31 《钢筋焊接及验收规程》JGJ 18

32 《建筑机械使用安全技术规程》JGJ 33

33 《施工现场临时用电安全技术规范》JGJ 46

34 《建筑施工安全检查标准》JGJ 59

35 《混凝土用水标准》JGJ 63

36 《建筑施工高处作业安全技术规范》JGJ 80

37 《钢结构高强度螺栓连接技术规程》JGJ 82

38 《钢筋机械连接技术规程》JGJ 107

39 《建筑工程饰面砖粘结强度检验标准》JGJ/T 110

40 《外墙饰面砖工程施工及验收规程》JGJ 126

41 《建设工程施工现场环境与卫生标准》JGJ 146

42 《高强混凝土应用技术规程》JGJ/T 281

43 《钢筋套筒灌浆连接应用技术规程》JGJ 355

44 《高发泡聚乙烯挤出片材》QB/T 2188

45 《建筑节能工程施工质量验收规程》DGJ 08—113

46 《现场施工安全生产管理规范》DGJ 08—903

47 《装配整体式混凝土结构预制构件制作与质量检验规程》DGJ 08—2069

48 《装配整体式混凝土居住建筑设计规程》DG/TJ 08—2071

49 《建设工程绿色施工管理规范》DG/TJ 08—2129

50 《装配整体式混凝土公共建筑设计规程》DGJ 08—2154

51 《预制混凝土夹心保温外墙板应用技术标准》DG/TJ 08—2158

52 《装配整体式混凝土建筑检测技术标准》DG/TJ 08—2252

53 《建筑工程绿色施工评价标准》DG/TJ 08—2262

上海市工程建设规范

装配整体式混凝土结构施工及质量验收标准

DG/TJ 08—2117—2022
J 12259—2022

条文说明

2024　上海

目　次

1 总　则 ……………………………………………… 67

2 术　语 ……………………………………………… 68

3 基本规定 …………………………………………… 69

4 构配件与材料 ……………………………………… 71

　　4.1 一般规定 …………………………………… 71

　　4.2 构配件 ……………………………………… 71

　　4.3 材　料 ……………………………………… 72

5 构件驳运与堆放 …………………………………… 73

　　5.1 一般规定 …………………………………… 73

　　5.2 构件驳运 …………………………………… 73

　　5.3 构件堆放 …………………………………… 73

6 施工准备 …………………………………………… 75

　　6.1 一般规定 …………………………………… 75

　　6.2 施工机具 …………………………………… 75

　　6.3 测量定位 …………………………………… 76

7 预制构件安装施工 ………………………………… 77

　　7.1 一般规定 …………………………………… 77

　　7.2 预制构件吊装 ……………………………… 78

　　7.3 预制柱安装 ………………………………… 79

　　7.4 预制墙板安装 ……………………………… 80

　　7.6 预制叠合楼板安装 ………………………… 80

　　7.7 其他预制构件安装 ………………………… 81

　　7.8 安装成品保护 ……………………………… 82

8 预制构件连接施工 ……………………………… 83
　8.1 一般规定 ……………………………………… 83
　8.2 套筒灌浆连接 ………………………………… 84
　8.3 螺栓连接 ……………………………………… 87
　8.4 后浇混凝土连接 ……………………………… 88
　8.5 密封连接 ……………………………………… 89
　8.6 其他连接 ……………………………………… 90
9 分项工程施工质量验收 ………………………… 93
　9.1 一般规定 ……………………………………… 93
　9.2 预制构件验收 ………………………………… 94
　9.3 安装施工与连接验收 ………………………… 97
10 施工安全控制 …………………………………… 104
　10.1 一般规定 …………………………………… 104
　10.2 施工安全 …………………………………… 104
11 绿色施工 ………………………………………… 106
　11.1 一般规定 …………………………………… 106
　11.2 节能环保与信息化施工 …………………… 107

Contents

1 General provisions ·· 67

2 Terms ·· 68

3 Basic requirements ·· 69

4 Component and material ··· 71

  4. 1 General requirements ·· 71

  4. 2 Component ·· 71

  4. 3 Material ··· 72

5 Component transfer and storage ·································· 73

  5. 1 General requirements ·· 73

  5. 2 Component transfer ·· 73

  5. 3 Component storage ··· 73

6 Construction preparation ·· 75

  6. 1 General requirements ·· 75

  6. 2 Construction machine ·· 75

  6. 3 Measurement positioning ···································· 76

7 Installation of prefabricated component ························· 77

  7. 1 General requirements ·· 77

  7. 2 Lifting of the prefabricated component ················· 78

  7. 3 Installation of prefabricated column ··················· 79

  7. 4 Installation of prefabricated board ···················· 80

  7. 6 Installation of prefabricated floor ···················· 80

  7. 7 Installation of other prefabricated component ······ 81

  7. 8 Protection of the product ·································· 82

8 Connection of prefabricated component ················· 83

8. 1 General requirements ······························· 83

8. 2 Sleeve grouting connection ······················ 84

8. 3 Bolted connection ································· 87

8. 4 Post-concrete connection ························· 88

8. 5 Sealing connection ······························· 89

8. 6 Other methods of connection ····················· 90

9 Subcontract construction quality acceptance ··············· 93

9. 1 General requirements ······························· 93

9. 2 Prefabricated component acceptance ················ 94

9. 3 Construction installation and connection acceptance

··· 97

10 Construction safety control ····························· 104

10. 1 General requirements ···························· 104

10. 2 Construction safety ····························· 104

11 Green construction ····································· 106

11. 1 General requirements ···························· 106

11. 2 Energy conservation and information construction

··· 107

1 总　则

1.0.1　编制本标准目的是保证装配整体式混凝土结构工程施工质量和施工安全,为施工人员提供指导,并贯彻上海市相关文件要求。装配整体式混凝土结构工程还应贯彻资源节约、环境保护、信息化施工等技术经济政策,推动信息化管理手段在工程施工过程中的应用。

1.0.2　本标准适用于装配整体式混凝土结构工程施工及质量验收。

1.0.3　本标准是现行标准的补充与完善,执行过程中应与现行国家标准《混凝土结构工程施工规范》GB 50666、《混凝土结构工程施工质量验收规范》GB 50204、《装配式混凝土建筑技术标准》GB/T 51231 和现行行业标准《装配式混凝土结构技术规程》JGJ 1、《钢筋套筒灌浆连接应用技术规程》JG 355 等相协调。

2 术 语

2.0.5 组成双面叠合墙板的内、外侧预制板称为内叶板和外叶板。

2.0.10 混凝土预制构件连接部位一端为空腔,通过灌注专用混凝土水泥基高强度无收缩灌浆料与螺纹钢筋连接。浆锚连接灌浆料是一种以水泥为基本材料,配以适当的细骨料,以及少量的外加剂和其他材料的干混料。

2.0.12 灌浆料加水搅拌后具有良好的流动性、早强、高强、微膨胀等性能,填充于套筒和带肋钢筋间隙内,形成钢筋套筒灌浆连接接头。灌浆料分为常温型灌浆料和低温型灌浆料。常温型灌浆料在灌浆施工及养护过程中,24 h 内灌浆部位所处的环境温度不应低于5℃。使用低温型套筒灌浆料时,灌浆施工及养护过程中 24 h 内灌浆部位所处的环境温度不应低于-5℃,且不宜超过 10℃。

2.0.13 装配式混凝土结构通过后浇混凝土或灌浆料拌合物与预制混凝土构件的共同工作实现结构整体性,而预制构件与后浇混凝土或灌浆料拌合物结合面的粗糙程度决定了其共同工作的效果。目前,工程中常用的粗糙面做法包括拉毛、凿毛、留设凹凸块、花纹钢板模板、气泡膜模板或水洗露骨料等方法。

3 基本规定

3.0.1 施工单位的质量管理体系应覆盖施工全过程,包括材料的采购、验收和储存,施工过程中的质量自检、互检、交接检,隐蔽工程检查和验收,以及涉及安全和功能的项目抽查检验等环节。施工全过程中,应随时记录并处理出现的问题和质量偏差。施工单位应建立针对装配式施工全过程的安全管理体系,确保施工安全。

3.0.2 装配整体式混凝土结构施工前,施工单位应准确理解设计文件的要求,掌握有关技术要求及细部构造,根据工程特点和施工规定,编制装配整体式混凝土结构施工方案,其主要内容可包括但不限于下列部分:

 1 工程概况主要包括项目整体介绍、预制构件范围、数量、重量、预制率等相关信息。

 2 编制依据主要包括相关法律、法规、规范性文件、标准、规范及施工图设计文件、施工组织设计等。

 3 施工部署主要包括工程目标、结构总体施工进度计划、预制构件生产计划、预制构件安装进度计划、资源配置计划、总平面布置规划、起重设备选型及平面布置、构件吊装能力分析图等。

 4 运输方案针对预制构件运输,主要包括车辆型号及数量、运输路线、发货安排、现场装卸方法等。

 5 安装与连接主要包括测量方法、吊装顺序和方法、构件安装方法、节点施工方法、防水施工方法、后浇混凝土施工方法、构件安装方法、灌浆连接方法、全过程的成品保护及修补措施等。

 6 质量管理主要包括成品保护、验收标准及要求、常见质量问题防治措施等。

7 信息化管理指装配式建筑项目的全生命周期中,运用各种信息化手段(如 BIM),加强建设项目的控制,实现质量、工期、成本等目标,完成建筑项目的建设,主要包括协作设计管理、工程信息化管理、运输信息化管理、现场装配信息化管理以及运营维护信息化管理等。

8 施工安全及文明施工保障措施。

9 应急预案主要包括危险源分析、应急救援组织机构、职责、应急救援工作程序、应急救援合作机构、应急救援物资及设备以及应急救援措施等。

10 计算书主要包括吊索具、预制构件堆放架、涉及地库顶板加固(预制构件拖车、预制构件堆放区域)等。施工现场应根据装配化建造方式布置施工总平面图,宜规划主体装配区、构件堆放区、材料堆放区和运输通道。各个区域宜统筹规划布置,满足高效吊装、安装的要求,通道宜满足构件运输车辆平稳、高效、节能的行驶要求。竖向构件宜采用专用存放架进行存放,专用存放架应根据需要设置安全操作平台。自制堆放架、操作平台、脚手架、反挂吊篮和爬梯等辅助设施设计。

3.0.4 本条规定了预制构件出厂的准备工作。

3.0.5 安装施工宜采用 BIM 组织施工方案,通过 BIM 模型指导和模拟施工,制订合理的施工工序,从而提高质量、提升效率、减少人工。

3.0.6 装配整体式混凝土结构验收的具体要求应符合现行国家标准《混凝土结构工程施工质量验收规范》GB 50204 的规定。临时固定措施及临时支撑系统应按照现行国家标准《混凝土结构工程施工规范》GB 50666 和《装配式混凝土建筑技术标准》GB/T 51231 的有关规定进行验算。

4 构配件与材料

4.1 一般规定

4.1.1、4.1.2 本条规定了装配整体式混凝土结构用预制构件制作、安装施工过程中所涉及的各种材料、构配件及其工艺性能检验应符合相应现行标准和设计文件的要求,并明确了进场检验和复检的要求。预制构件出厂时,生产企业应提供预制构件质量证明文件、混凝土强度报告等相关内容。门窗框采用预埋工艺时,与构件混凝土浇筑在一起并连接成整体,其稳定性、安全性与防渗漏性与传统做法相比,性能效果均有提高,因此鼓励门窗采用预埋工艺。当外墙板石材饰面采用反打一次成型工艺时,由于石材质量较大,需要在石材背面设置卡钩将其锚固于混凝土中,因此石材还需满足反打工艺对材质、尺寸等要求。座浆料、封堵浆料、填缝浆料、灌浆料应按照各产品性能及说明书要求进行拌合使用。

4.2 构配件

4.2.1 本条参照国家标准《混凝土结构设计规范》GB 50010—2010(2015 年版)第 9.7.5 条和第 9.7.6 条。为节约材料、方便施工、吊装可靠,且避免外露金属件的锈蚀,预制构件的吊装方式宜优先采用内埋式螺母和内埋式吊杆。这些配件及配套的专用吊具所采用的材料,应根据相应的产品标准和应用技术规程选用。

4.2.2 为提高装配整体式混凝土结构的安全性与整体性,灌浆套筒的套筒设计锚固长度不宜小于插入钢筋公称直径的 8 倍,灌浆端最小内径与连接钢筋公称直径的差值应符合现行行业标准《钢筋套筒灌浆连接应用技术规程》JGJ 355 的规定。

4.2.3 根据建筑物层高、抗震设防烈度等条件,装配式结构预制构件可以采用不同的连接方式。其中,连接用焊接材料、螺栓、锚栓和铆钉等紧固件应符合国家及行业现行相关标准的规定。

4.2.5 用于外墙饰面工程的陶瓷砖等材料,统称为外墙饰面砖。饰面砖、石材等因规格、品种、颜色、形状等不同而分类较多,为便于管理,防止误用、错用,应对其进行分类标识管理。

4.3　材　料

4.3.1 装配式结构中所采用的混凝土的力学性能指标和耐久性要求首先要符合现行国家标准《混凝土结构设计规范》GB 50010 的规定。为提高建筑工业化产品质量,目前工程建设中要求混凝土强度等级不应低于 C30。而当采用高强混凝土时,其性能则应满足现行行业标准《高强混凝土应用技术规程》JGJ/T 281 的要求。

4.3.2 灌浆料的质量是钢筋套筒灌浆连接接头关键技术。灌浆料应具有高强、早强、无收缩和微膨胀等基本特性,以便与套筒、被连接钢筋形成有效结合,同时满足装配式结构快速施工的要求。

4.3.6 本条中"LM"指低模量,是根据拉伸模量对密封胶进行的分级,具体规定参见现行国家标准《建筑密封胶分级和要求》GB/T 22083。

　　外墙板接缝应采用材料防水和构造防水相结合的做法。防水密封胶是外墙板缝防水的第一道防线,其性能直接关系到工程防水效果。混凝土外立面受阳光照射,因此防水密封胶应选用耐候性较好的产品,同时应具备较好的低温柔性,能够随板缝张合而伸缩。

5 构件驳运与堆放

5.1 一般规定

5.1.1 构件的驳运和堆放需考虑起重回转半径及覆盖范围,避免起吊盲点。

5.2 构件驳运

5.2.4 为防止安全事故的发生,同时避免驳运过程中对构件造成的损坏,本条对车驳运进行了规定。在驳运过程中,可根据构件形式和运输状况选用竖放或平放的运输方式,并根据运输车辆和构件类型的尺寸,采用合理、最佳组合驳运方法,提高驳运效率以节约成本。

5.3 构件堆放

5.3.1 构件的分类堆放与标识可以方便现场作业,提高工效。

5.3.5 预制构件堆放时的受力状态宜与实际使用时的受力状态保持一致。为形成合理、有效和简单可行的多层构件叠放,本条规定了叠放要求和方式。其中,预制空腔柱构件是一种中空的预制构件,由成型钢筋笼与混凝土一体制作而成。

各类预制构件堆放层数超过本条建议层数上限时,应进行受力和变形分析验算。构件薄弱部位和门窗洞口部位应采取防止变形开裂的临时加固措施。这些构件运输时的临时加固措施应待构件安装完成,灌浆料达到强度要求后再拆除。

5.3.6 本条对构件在堆放期内的产品保护作了规定,主要是为了保证构件临时堆放安全。同时对构件在室外环境下容易锈蚀、损坏、污染部位的保护措施进行了规定。

6 施工准备

6.1 一般规定

6.1.3 安装施工前，应制定安装定位标识方案，根据安装连接的精细化要求，控制合理误差。安装定位标识方案应按照一定顺序进行编制，标识点应清晰明确，定位顺序应便于查询标识。

6.1.4 安装施工前，应结合深化设计图纸核对已施工完成结构或基础的外观质量、尺寸偏差、混凝土强度、预留预埋与预制构件连接的后浇混凝土的粗糙面等条件是否具备上层构件的安装条件，并应核对待安装预制构件的混凝土强度及预制构件和配件的型号、规格、数量等是否符合设计要求。

6.2 施工机具

6.2.3 为保证吊装安全顺利进行，需要采用符合要求和规定的索具设备，严禁使用不符合要求和规定的设备。

6.2.4 本条规定了吊索、卡环、绳扣的使用应经过计算确定，一方面是为了保证施工安全，另一方面是为了通过计算减少经验决策，以保证施工科学。其中，卡环部分宜选用自动或半自动的卡环作为脱钩装置。在起吊作业中，钢丝绳是对安全起决定性作用的一环。因此，必须坚持在每班作业前，按计算结果进行严格检查，应及时更换不符合要求者。

6.3 测量定位

6.3.5 构件安装过程中,进行不搭设落地外脚手架的作业时,预制墙板垂直度的测量控制点可以设置在构件内侧。通过在构件上4个角设置4个垂直度测量控制点,可控制内外、上下的构件测量与校核。如果采取新的测量仪器,可参照仪器使用说明。

为保证构件安装,在水平和竖向构件上吊装预制墙板前,加工各种厚度的垫皮或预埋调节件,采用放置垫块的方法或在构件上设置标高调节件,可以满足构件调节高低的需要。安装过程中宜采用辅助性工器具,保证构件就位快捷、定位准确。

7 预制构件安装施工

7.1 一般规定

7.1.1 当施工单位第一次从事某种类型的装配式结构施工,或采用复杂的预制构件及连接构造的装配式结构时,为保证预制构件制作、运输、装配等施工过程的可靠,建议施工前针对重点过程进行试制作和试安装,发现问题及时解决,以避免正式施工中可能发生的问题和缺陷。预制构件试安装宜选择在安装楼层进行,宜选用正式预制构件。预制构件在试安装与拆除过程中应注意构件的成品保护,防止构件在试安装过程中产生损坏。

7.1.2 根据《关于进一步加强本市装配整体式混凝土结构工程质量管理的若干规定》(沪建质安〔2017〕241号)的规定,建设单位应组织有关单位进行预制构件首段安装验收。

7.1.3 专用定型产品主要包括预埋吊件、临时支撑系统等。专用定型产品的性能及使用要求均应符合有关国家现行标准及产品应用手册的规定。使用专用定型产品的施工操作,同样应按相关操作规定执行。

工装系统指装配式混凝土建筑吊装、安装过程中所用的工具化、标准化吊具及支撑架体,包括标准化堆放架、模数化通用吊梁、框式吊梁、起重设备、吊钩吊具、预制墙板斜支撑、叠合板独立支撑、支撑体系、模架体系、外围护体系、系列操作工具等产品。工装系统的定型产品及施工操作均应符合国家现行有关标准及产品应用技术手册的有关规定,在使用前应进行必要的施工验算。

7.1.4 本条强调用于伸入预制构件内灌浆套筒的竖向钢筋的精

准控制,宜采用与竖向钢筋匹配的专用治具进行精确定位,起到安装前竖向钢筋位置的预检和控制,提高安装效率的作用。

建议采用定位套板与定位套筒拼装而成,定位套筒孔径应大于钢筋外径(大 2 mm~3 mm)的定位套筒;如果采用定位钢板进行定位,应预留灌混凝土孔洞和振动棒孔洞。

7.2 预制构件吊装

7.2.2 按照施工方案的吊装计划细化每一层预制构件的具体吊装顺序,并按照顺序进行序号标注,并对安装施工班组进行交底。其中,吊装顺序应结合设计图纸、施工工艺及工序综合考虑,保证吊装过程顺畅和便利,避免因钢筋安装困难导致施工效率下降。特别对于装配整体式框架体系,吊装顺序应保证梁底筋在竖向和平面上错开。尺寸较大的预制构件常采用分配梁或分配桁架作为吊具,此时分配梁、分配桁架需要具备足够的刚度,吊索需要具备足够长度以满足吊装时水平夹角的要求,保证吊索和各吊点受力均匀。

7.2.3 预制构件安装就位后,应对安装位置、标高、垂直度进行调整,并应考虑安装偏差的累积影响,安装偏差应严于装配式混凝土结构分项工程验收的施工尺寸偏差。装饰类预制构件安装完成后,应结合相邻构件对装饰面的完整性进行校核和调整,保证整体装饰效果满足设计要求。

7.2.4 预制构件底部调节标高目前有两种方式:一种为垫片调节,另一种为螺栓调节。垫片宜选用钢质垫块,垫片长宽尺寸应通过接触面积局部承压计算确定。采用螺栓调节方式时,螺栓顶部局部承压较大,容易导致混凝土发生开裂等问题,应引起注意。预制柱底部四处垫块位置建议设于距外边 1/4 边长处。

7.2.6 预制构件校准定位及临时支撑安装完成之前,预制构件依靠吊具保证其安全度。因此,预制构件与吊具的分离应在校准定位及临时支撑安装完成后进行。特别在竖向构件安装时,如果只安装一根斜支撑就拆除吊具,则易出现安全事故。

7.2.7 采用连通腔灌浆方式时,灌浆施工前应对各连通灌浆区域采用专用封浆料进行封堵;应确保连通灌浆区域与灌浆套筒、排气孔通畅,并采取可靠措施避免封堵材料进入灌浆套筒、排气孔内;灌浆前应确认封堵效果能够满足灌浆压力需求后,方可进行灌浆作业。考虑灌浆施工的持续时间及可靠性,连通灌浆区域不宜过大,每个连通灌浆区域内任意两个灌浆套筒最大距离不宜超过 1.5 m。常规尺寸的预制柱多分为一个连通灌浆区域,而预制墙一般按 1.5 m 范围划分连通灌浆区域。

7.2.8 采用连通腔灌浆法施工时,多层集中灌浆可能影响构件底部接缝处的受力,应根据本项目施工组织安排确定灌浆时间,宜首先采用同层灌浆,即在同一层构件安装完成后集中灌浆。

7.2.9 灌浆料同条件养护试件应保存在构件周边,并采取适当的防护措施。当有可靠数据与应用经验时,灌浆料抗压强度也可根据考虑环境温度因素的抗压强度增长曲线确定。

本条规定主要适用于后续施工可能对接头有扰动的情况,包括构件就位后立即进行先灌浆作业,及所有装配式框架柱的竖向钢筋连接。对先浇筑边缘构件与叠合楼板后浇层,后进行灌浆施工的装配式剪力墙结构,可不执行本条规定;但此种施工工艺无法再次吊起墙板,且拆除构件的代价很大,故应采取更加可靠的灌浆及质量检查措施。

7.3 预制柱安装

7.3.1~7.3.4 可通过千斤顶调整预制柱平面位置,通过在柱脚位置预埋螺栓,使用专门调整工具进行微调,调整垂直度;预制柱完成垂直度调整后,应在柱子四角缝隙处加塞刚性垫片。

7.4 预制墙板安装

7.4.3 平整度控制主要依靠相邻墙板件的板间连接件,使相邻板块共同移动,3道控制装置是较为常见的数量,根据需要可设置4道或更多。

7.4.4 预制夹心保温空腔墙构件由成型钢筋笼及两侧预制墙板组成,中间空腔包含保温层,通过拉结件可在内、外叶板之间形成可靠连接。

7.4.6 采用连通腔灌浆方式时,应对每个连通灌浆区域进行封堵,确保不漏浆。夹心保温外墙板的保温材料下的封堵材料,当采用珍珠棉时,性能应符合现行行业标准《高发泡聚乙烯挤出片材》QB/T 2188 的有关规定,其他材料应符合有关标准规定。考虑到封堵效果,要求夹心保温外墙板的保温材料下封堵材料应向连接接缝内伸入一定距离,考虑封堵效果,本条提出了 15 mm 的最小建议值,并要求封堵材料不得进入灌浆套筒内腔而影响灌浆。

夹心保温外墙板外叶板在气温变化下产生形变,接缝处含有硬质杂质将会限制外叶板形变,导致外叶板破损;外叶板下部接缝有防水、排水作用,堵塞将导致渗入空腔的水无法排出。

7.6 预制叠合楼板安装

7.6.1 预制叠合板吊至梁、墙上方 300 mm～500 mm 后,应调整板的位置使板锚固筋与梁箍筋错开,根据板边线和板端控制线,准确就位。在设置叠合板支撑时,垂直于叠合板板底接缝设置支撑枕木可以有效解决接缝两侧板底标高的段差问题。当叠合板板底接缝高差不满足设计要求时,应将构件重新起吊,并通过可调托座进行调节。

7.6.2 预制叠合楼板起吊时,跨度小于 8 m 可采用 4 点起吊,跨度大于或等于 8 m 宜采用 8 点起吊;吊点位置为沿板长方向距板边距离整板长的 1/5~1/4,沿板宽方向为大板的外边缘向内第二根钢筋桁架上弦钢筋与腹杆钢筋的交叉点处,小板的最外一根钢筋桁架上弦钢筋与腹杆钢筋的交叉点处,其中大板为宽度较大且桁架筋较多的叠合楼板,小板为宽度较小且桁架筋较少的叠合楼板,吊点位置需事先用有色油漆或扎丝做好标识。为保证吊装安全,需各点均衡受力起吊,吊绳与竖直方向的夹角应小于 30°;当吊绳与竖直方向的夹角大于 45°时,严禁起吊。

7.6.4 预制叠合楼板垂直支撑的设置间距应通过计算确定,并在预制叠合楼板的安装布置图上标出,现场安装时不得超过此间距,垂直支撑必须支撑在有足够承载力的地面(楼面)上;预制叠合楼板支撑体系的枕木设置方向必须垂直于预制叠合楼板钢筋桁架的方向;预制叠合楼板支撑体系必须有足够的强度和刚度,以保证楼板浇筑成型后底面平整。

7.6.5 本条主要针对于预应力楼板,一般包含预应力双 T 板、预应力空心楼板、钢管桁架预应力混凝土叠合楼板等构件,构件支撑系统应具有足够的强度、刚度和整体稳固性,应能够承受结构自重、施工荷载、风荷载、吊装就位产生的冲击荷载等作用,不得使结构产生永久变形。预应力空心板吊点应设在离板端 300 mm~600 mm 处。构件起吊时,应保证各吊点受力均匀,并注意吊索具与构件连接位置成品保护。

7.7 其他预制构件安装

7.7.1 现行国家标准《混凝土结构工程施工质量验收规范》GB 50204 规定,悬臂构件底模及支架拆除时,混凝土强度应达到 100%;在未达到强度值时,各层预制阳台板下部设置的临时连续支撑架不能拆除。

本条强调了预制阳台板与现浇结构连接的工序,施工顺序的控制能保证构件可靠连接与结构整体性。

7.7.3 本条采用先放置的预制楼梯,与现浇梁或板浇筑连接前,需预留锚固钢筋。

预制楼梯与现浇结构连接采用后搁置时,通常先浇筑休息平台和梯梁,待强度满足要求后,吊装预制楼梯,后按照设计节点要求进行节点连接。

7.7.4 当外挂墙板与主体结构的连接节点采用焊接连接时,施工过程中极易因焊接作业损伤混凝土墙板,因此应注意成品保护。外挂墙板是自承重构件,不能通过板缝进行传力,施工时要保证板的四周空腔不得混入硬质杂物;对施工中设置的临时支座和垫块应在验收前及时拆除。

7.8 安装成品保护

7.8.1 为避免楼层内后续施工时与安装完成的预制构件磕碰,现场利用废旧木条或木板对构件阳角和楼梯踏步口作包角保护处理。

7.8.2 预制外墙板安装就位后,直至验收交付,预制外墙板门、窗等使用装饰成品部位应作覆盖保护。

7.8.3 构件饰面砖保护应选用无褪色或污染的材料,以防揭纸(膜)后,饰面砖表面被污。

7.8.4 预制楼梯选用饰面砖铺贴面层时,为防止饰面砖表面在施工阶段损坏和被污染,可在构件加工单位或现场采取楼梯面层铺设旧木板或覆盖旧地毯等形式的楼梯保护措施。

8 预制构件连接施工

8.1 一般规定

8.1.1 装配整体式框架结构中,框架柱的纵筋连接宜采用套筒灌浆连接,梁的水平钢筋连接可根据实际情况选用机械连接、焊接连接或套筒灌浆连接。装配整体式剪力墙结构中,预制剪力墙竖向钢筋的连接可根据不同部位,分别采用套筒灌浆连接、浆锚搭接连接,水平分布筋的连接可采用焊接、搭接等。预制构件钢筋采用焊接连接、机械连接或套筒灌浆连接时,钢筋连接施工前应进行连接工艺检验。

8.1.2 钢筋套筒灌浆连接接头力学性能应符合现行行业标准《钢筋套筒灌浆连接应用技术规程》JGJ 355 的有关规定。

8.1.3 在装配整体式混凝土结构中,钢筋多采用套筒灌浆连接。施工前,施工单位应单独编制套筒灌浆连接专项施工方案,施工方案中包括套筒灌浆连接施工的相应内容。施工方案应包括灌浆套筒在预制生产中的定位、构件安装定位与支撑、灌浆料拌合、连通腔分仓、封堵施工、灌浆施工、检查与修补等内容。施工方案编制应以接头提供单位的相关技术资料、操作规程为基础。为保证灌浆质量,在施工之前应结合灌浆设备与工艺确定多个接头灌浆时的分仓方式、接缝密封方法等,确保套筒内灌浆密实。

8.1.4 灌浆时要求相关质量检验人员全过程监督施工,以确保质量。视频内容必须包含灌浆施工人员、专职检验人员、旁站监理人员、灌浆部位、预制构件编号、套筒顺序编号、灌浆出浆完成等内容。视频格式宜采用常见数码格式。视频文件应按楼栋编号分类归档保存,文件名包含楼栋号、楼层数、预制构件编号。视频拍摄以一个构件的灌浆为段落,宜定点连续拍摄。

8.2 套筒灌浆连接

8.2.1 为保证工程质量,施工单位宜在正式施工前通过试安装和试灌浆验证施工人员的操作熟练程度和对相关技能的掌握程度,同时也能验证相关施工方案和施工措施的可行性。

8.2.2 本条规定了钢筋套筒灌浆连接钢筋定位与成品保护要求,宜采用与预留钢筋匹配的专用模具进行精准定位,起到安装前预留钢筋位置的预检和控制,提高安装效率,主要是为了保证后期灌浆施工能顺利进行,连接质量能达到设计要求。

8.2.3 清洁预制墙、柱构件下表面与楼面之间的缝隙,剔凿松动混凝土,并将浮尘、夹渣、碎石清理干净,以保证水平缝灌浆料中无杂质。底部设置垫块,起到调节预制构件安装标高和控制水平缝宽度的作用。周围可采用封浆料进行封堵,以保证水平接缝中灌浆料填充饱满。

8.2.4 本条对灌浆施工方式及构件安装进行了规定:

1 预制构件安装之前应确定灌浆采用哪种施工工艺,并根据不同的施工工艺采取不同的施工措施。竖向构件采用连通腔灌浆时,连通灌浆区域为由一组灌浆套筒与安装就位后构件间空隙共同形成的两个封闭区域,除灌浆孔、出浆孔、排气孔外,应采用封浆料封闭此灌浆区域。考虑灌浆施工的持续时间及可靠性,连通灌浆区域不宜过大,宜通过灌浆工艺试验确定。座浆料需控制塌落度,使其具有一定的保型性能。为了保证座浆料与预制构件底面能充分接触结合,满铺时浆料厚度应大于水平缝高度,浆料宜堆砌成中间略高、边上略低的造型,铲除底部拼缝多余的座浆料时,应从预制构件表面往楼层面进行铲除,防止来回扰动底部座浆料。采用坐浆工艺的套筒底部应事先设置密封垫圈,防止座浆料过多侵入套筒内影响灌浆,也防止逐孔灌浆时浆料流失。

坐浆工艺可适用于狭长型构件如预制剪力墙,但预制框架柱仍以连通灌浆工艺为主。

2 竖向构件采用连通腔灌浆时,连通灌浆区域为由一组灌浆套筒与安装就位后构件间空隙共同形成的一个封闭区域,除灌浆孔、出浆孔、排气孔外,应采用密封件或封浆料封闭此灌浆区域。考虑灌浆施工的持续时间及可靠性,连通灌浆区域不宜过大,每个连通灌浆区域内任意两个灌浆套筒最大距离不宜超过 1.5 m。常规尺寸的预制柱多分为一个连通灌浆区域,而预制墙一般按 1.5 m 范围划分连通灌浆区域。

3 钢筋水平连接采用套筒灌浆连接方式,多用于梁端钢筋连接,每个套筒独立放置并独立灌浆。

8.2.5 水平钢筋套筒灌浆连接主要用于预制梁和既有结构改造现浇部分。本条对连接钢筋标记、灌浆套筒封堵、预制梁水平连接钢筋偏差、灌浆孔与出浆孔位置等方面提出了施工措施要求。

1 预制梁纵向水平钢筋采用套筒灌浆连接,灌浆套筒先套入一端连接钢筋,待预制梁安装完成后,将灌浆套筒沿钢筋水平移动套入另一端连接钢筋,在水平连接钢筋标志最小锚固长度标志,可有效防止套筒偏位而导致一端连接钢筋伸入套筒内长度不足。

2 套筒端部与钢筋之间的缝隙采用橡胶等材料封口装置密闭,防止灌浆料从端部漏出。

3 预制梁水平钢筋轴线偏差不应大于 5 mm,超过允许偏差应检查预制梁安装标高是否正确或钢筋是否弯折,并及时修正。

4 既有结构的水平钢筋相连接时,新连接钢筋的端部应设有保证连接钢筋同轴、稳固的装置,控制连接钢筋轴线偏差在允许范围内。

5 灌浆套筒安装就位后,灌浆孔和出浆孔位于套筒水平轴正上方±45°的锥体范围内,安装有高于套筒外表面最高位置的连接管或连接头,方便钢筋绑扎完成后灌浆操作,并使灌浆完成后浆料液面高于套筒外边缘,保证套筒内部完全填充灌浆料。

8.2.6 本条规定了灌浆料施工过程中的注意事项。灌浆料拌合用水量应按说明书规定比例确定,并按重量计量。用水量直接影响灌浆料抗压强度等性能指标,用水应精确称量,严禁再次加水。灌浆料搅拌应采用电动设备,即具备一定的搅拌力,不应手工搅拌,宜采用专用灌浆料搅拌设备。本条规定的浆料拌合物初始流动度检查为施工过程控制指标,应在现场温度条件下量测。

8.2.7 根据《关于进一步加强本市装配整体式混凝土结构工程钢筋套筒灌浆连接施工质量管理的通知》(沪建安质监〔2018〕47号)的规定,考虑到灌浆施工的重要性,本条要求对钢筋套筒灌浆施工进行全过程视频拍摄,并将该视频作为施工单位的工程施工资料留存。灌浆料产品使用说明书均会规定灌浆施工的操作温度区间。常规情况下,本条规定的环境温度可为施工现场实测温度或当地天气预报的日平均温度。当灌浆施工时气温较低,也可采取加热保温措施,使结构构件灌浆套筒内的温度达到产品使用书要求,此时可按此温度确定"环境温度"。当环境温度过高时,会造成灌浆料拌合物流动度降低并加快凝结硬化,可采取降低水温甚至加冰块搅拌等措施。

压浆法灌浆包括机械、手工两种常用方式,分别应采用专用的机器设备,具体灌浆压力及灌浆速度可根据现场施工条件确定。竖向连接灌浆施工的封堵顺序及时间尤为重要。封堵时间应以出浆孔流出圆柱体灌浆料拌合物为准。用连通腔灌浆时,宜采用一个灌浆孔灌浆,其他灌浆孔、出浆孔流出的方式;当灌浆中遇到问题时,可更换另一个灌浆孔灌浆,此时各灌浆套筒已封闭灌浆孔、出浆孔应重新打开,以防止已灌浆套筒内的灌浆料拌合物在更换灌浆孔过程中下落,待灌浆料拌合物再次流出后再进行封堵。

灌浆施工中,应采用方便观察且有补浆功能的器具,或其他可靠手段对钢筋套筒灌浆连接接头的灌浆饱满性进行检测,并将监测结果记入灌浆施工质量检查记录。

水平连接灌浆施工的要点在于灌浆料拌合物流动的最低点要高于灌浆套筒外表面最高点,此时可停止灌浆并及时封堵灌浆孔、出浆孔。

灌浆料拌合物的流动度指标随时间会逐渐下降,为保证灌浆施工,本条规定灌浆料宜在加水后 30 min 内用完。灌浆料拌合物不得再次添加灌浆料、水后混合使用,超过规定时间后的灌浆料及使用剩余的灌浆料只能丢弃。

灌浆料达到一定的强度之前,应避免对其扰动。因此,后续工序的施工均应在灌浆料达到一定的强度后进行。

8.3 螺栓连接

8.3.1 本节所述螺栓连接主要针对现行上海市工程建设规范《装配整体式混凝土居住建筑设计规程》DG/TJ 08—2071 剪力墙结构设计中纵向钢筋螺栓连接方式、外挂墙板点支承连接方式等采用螺栓的预制构件连接方式。一端预制构件预埋螺栓或螺纹套筒,另一端预制构件预留安装手孔,方便安装螺母或螺栓。

8.3.2 螺栓连接预埋外露铁件应采取防腐和防火措施。

8.3.3 预制墙板采用螺栓的连接方式,各种装配式结构和施工体系均有运用,采用螺栓的连接方式的预制墙板要注意连接件的固定与检查,脱钩前,螺栓与预制构件必须连接稳固、可靠。

8.3.4 预制墙板采用螺栓连接方式时,为方便安装螺母或螺栓以及减小截面削弱程度,参考设计标准,安装手孔高度不大于 200 mm,宽度不大于 150 mm。构件安装完成后,手孔采用高一等级细石混凝土或灌浆料填实,螺栓孔采用灌浆料填实。

8.3.5 预制柱采用螺栓连接时,下部基础的预留螺栓采取精确定位措施,保证螺栓垂直度、平面内中心线偏差、外露长度在允许误差范围内。

8.3.6 螺栓连接区域柱截面刚度和承载力较大,柱的塑性铰区可能会上移到连接区域以上。因此,应将连接器手孔盒顶部以上区域的箍筋加密。

8.3.7 安装手孔采用细石混凝土或灌浆料进行封闭前,可采用扭力扳手对螺栓连接处进行终拧和检测,确认紧固后再对手孔进行封闭。

8.3.8 采用高强度螺栓对预制构件进行连接时,应符合现行行业标准《钢结构高强度螺栓连接技术规程》JGJ 82 有关规定。

8.4 后浇混凝土连接

8.4.1 后浇混凝土的施工质量涉及装配式混凝土结构的整体性,因此,要求根据不同部位后浇混凝土的施工条件采取不同的技术措施,并考虑工具式封模方法。

8.4.2 键槽、粗糙接触面在叠合构件预制和现浇部分的连接时,可以增强相互粘结和抗剪能力。预制构件表面因制作工艺限制,脱模需待混凝土达到设计强度要求后进行,模具的侧模等一些部位需后处理。对现浇混凝土接触面的部位采用表面露石或凿毛处理,既可以满足制作工艺的要求,又不影响现浇混凝土接触面连接。

8.4.3 对装配式结构的后浇混凝土部位在浇筑前隐蔽工程验收内容,应着重检查纵向受力钢筋锚固长度,构造钢筋数量及间距。

8.4.4 工具式模板与支架宜具有标准化、模块化、可周转、易于组合、便于安装、通用性强、造价低等特点。定型模板与预制构件之间应粘贴密封封条,在混凝土浇筑时节点处模板不应产生变形和漏浆。

8.4.5 装配整体式结构的后浇混凝土浇筑应先湿润、连续浇筑、充分振捣,并采取措施固定模板、埋件。

8.4.6 为充分发挥装配整体式型钢混凝土框架结构快速拼装的

优势,建议使用螺栓连接构造进行连接。试验研究表明,节点附近区域同时后浇混凝土能保证结构具有良好整体性和抗震性能。

8.4.7 利用建筑物柱内主筋作为防雷引下线,须将柱内主筋焊接。柱内主筋焊接的搭接倍数,为圆钢与圆钢搭接不应小于圆钢直径的 6 倍,且应双面施焊;扁钢与扁钢搭接不应小于扁钢宽度的 2 倍,且不应少于三面施焊;圆钢与扁钢搭接不应小于圆钢直径的 6 倍,且应双面施焊,以保证电气通路可靠。装配整体式混凝土框架体系,竖向钢筋之间不连续并且钢筋与套筒之间隔着水泥基灌浆,不能满足电气通路的要求。因此,利用预制柱内的钢筋作为防雷引下线,连接处需采用同等截面的钢筋进行跨层连接。装配整体式混凝土剪力墙体系可以通过竖向后浇区域钢筋进行连接,满足防雷接地相关要求。

8.5 密封连接

8.5.1 对外墙板接缝密封胶施工基层、材料提出原则性规定,主要是为了保证密封胶施工质量能达到要求。

8.5.2 背衬材料应采用泡沫棒或油毡条等填塞在接缝处底部,以控制填缝材料深度,并防止嵌缝材料与缝底结合而形成三面粘结而造成应力集中和破坏密封防水。背衬材料宽度应与接缝两侧基材紧密无空隙。背衬材料采取 45°切割搭接,方便控制接头大小,保证接头处密封胶厚度。

8.5.3 当接缝深度不满足设计要求时,需使用填充背衬材料调整接缝深度,使之满足设计要求;当接缝深度接近设计值,已无法填充背衬材料时,需在变形缝底面粘结防粘材料以防止三面粘结;非变形缝可不设防粘材料。

8.5.4 施胶作业当天,防污带沿接缝两侧平直牢固铺贴,防止施胶过程胶体污染外立面。

8.5.5 底涂用于提高密封胶与接缝基材的粘结作用,底涂涂刷后 15 min～30 min 达到表干,此时可进行施胶操作。底涂涂刷后有一定的有效时间,一般约 8 h,隔天施胶时应重新涂刷底涂。

8.5.6 多组分密封胶应按规定配合比投料,并使用专用的混胶机器均匀混合;已混合好的密封胶须用专用的胶枪抽取施胶,并应在适用期内使用。

8.5.7 施胶完成,逆着施胶方向,用抹刀对胶缝进行压实和整平,根据施胶时气温修正胶体形状,避免胶体在气温影响下膨胀而破坏外立面装饰。

8.5.8 密封胶未完全固化前,基材移动与密封胶分离会影响密封胶粘结效果;未完全固化前接触水或其他化学物质,影响密封胶固化反应和粘结效果。

8.5.9 防水胶带应满足相应标准和设计要求,保证粘贴面干净,涂刷界面剂并粘贴牢固。

8.5.11 环境温度低于 5℃时,低温的基材表面可能形成霜和冰,影响密封胶的粘结性。因此,密封胶的安全使用温度应大于 5℃。在过高的环境温度下,阳光直射的建筑物表面上,基材表面的实际温度可能比环境温度高很多。在高温影响下,密封胶的抗下垂性会变差,固化时间会加快,使用时间和修整时间会缩短,且容易产生气泡。相对湿度过低会使密封胶的固化速度变慢;但过高的相对湿度也可能使基材表面形成冷凝水膜,或使密封胶形成气泡,从而影响密封胶与基材的粘结性。

8.6 其他连接

8.6.1 浆锚搭接连接是一种将需搭接的钢筋拉开一定距离的搭接方式。这种搭接技术在欧洲有多年的应用历史和研究成果,也被称为间接搭接或间接锚固。我国早在 1989 年,在国家标准《混凝土结构设计规范》GBJ 10—89 的条文说明中已经对欧洲标准对间接搭接的要求进行了说明。近年来,中国的科研单位及企业对各种形式的钢筋浆锚搭接连接接头进行了试验研究工作,已有了一定的技术基础。

这项技术的关键,包括孔洞内壁的构造、成孔技术、灌浆料的质量以及约束钢筋的配置方法等。鉴于我国目前对钢筋浆锚搭接连接接头尚无统一的技术标准,本条进行了较为严格的规定,要求使用前对接头进行力学性能及适用性的试验验证,包括混凝土孔洞成形方式、约束配筋方式、钢筋布置方式、灌浆料、灌浆方法等不同形成方式,并对采用此类接头技术的预制构件进行各项力学及抗震性能的试验验证,经过相关部门组织的专家论证或鉴定后方可使用。

8.6.2 超高性能混凝土材料在美国和欧洲国家应用普遍,并形成了较为完善的技术标准。目前,基于超高性能混凝土材料的预制构件钢筋连接技术已经过国内多个高校和企业试验研究,结果表明该连接具有良好的受力性能,可实现直锚、短连接的优良性能,可保证预制构件之间的可靠连接,实现装配式混凝土结构高效率、高质量建造。国内已发布超高性能混凝土的技术相关标准,其设计、施工和验收可参照执行。

8.6.4 超高性能混凝土试件应采用现行国家标准《混凝土结构工程施工规范》GB 50666 规定的标准养护条件。超高性能混凝土构件抗压强度较高,进行抗压强度试验的条件有别于常规混凝土材料,但目前尚未有针对性的条文规定,实际工程中主要参照现行国家标准《活性粉末混凝土》GB/T 31387,在试件成型 28 d 后采用 100 mm×100 mm×100 mm 立方体试件进行试验。

在施工过程中还应对超高性能混凝土原材料进行抽查。抽检项目中,钢纤维抽检项目应包括抗拉强度、弯折性能、尺寸偏差和杂质含量,其他原材料抽检项目应符合现行国家标准《混凝土质量控制标准》GB 50164 的相关规定。

8.6.5 由于超高性能混凝土的水灰比低,胶凝材料用量大,超高性能混凝土自收缩为主要的收缩形式,主要发生在 7 d 内。因此,应及早增湿覆膜,减少早期水分蒸发,提高混凝土中胶凝材料的水化程度。由于超高性能混凝土强度是重要控制指标,对现场施工完成后的超高性能混凝土强度,宜采取有效的手段进行现场检测,以确保结构安全。

9 分项工程施工质量验收

9.1 一般规定

9.1.1 现行国家标准《建筑工程施工质量验收统一标准》GB 50300 将主体结构分部工程的混凝土结构子分部工程划分为模板、钢筋、预应力、混凝土、现浇结构和装配式结构等分项工程。现行国家标准《混凝土结构工程施工质量验收规范》GB 50204 对上述各分项工程验收的具体内容进行了规定。装配式结构分项工程的验收包括预制构件进场、预制构件安装以及装配式结构特有的钢筋连接和构件连接等内容。对于装配整体式混凝土结构现场施工中涉及的钢筋绑扎、混凝土浇筑等内容,应分别纳入钢筋、预应力、混凝土等分项工程进行验收。

但有时现场不同施工工序的验收可能存在划入模板分项、钢筋分项、混凝土分项还是划入装配式结构分项的选择问题,操作中可根据具体情况确定。与装配式结构密切相关,且独立于其他分项工程进行验收的内容,可划入装配式结构分项工程验收。而与其他分项工程无法独立的部分,可划入相应分项工程。比如,与其他现浇混凝土共同浇筑的装配式结构连接部分,可考虑纳入混凝土分项工程。工程验收应满足验收项目不缺失的要求,允许不同分项工程之间存在少量的重复填表。

9.1.5 本条规定的验收内容涉及采用后浇混凝土连接及采用叠合构件的装配整体式混凝土结构,隐蔽工程反映钢筋、现浇结构分项工程施工的综合质量,后浇混凝土处的钢筋既包括预制构件外伸的钢筋,也包括后浇混凝土中设置的纵向钢筋和箍筋。在浇筑混凝土之前进行隐蔽工程验收是为了确保其连接构造性能满足设计要求。

9.1.8 根据现行国家标准《建筑工程施工质量验收统一标准》GB 50300 的规定,给出了当检验批、分项工程、子分部实体检验项目质量不符合要求时的处理方法。这些不同的验收处理方式是为了适应我国目前的经济技术发展水平,在保证结构安全和基本使用功能的条件下,避免经济损失和资源浪费。

9.1.9 本条对装配整体式混凝土结构验收合格后的验收记录和资料存档备案作了规定,该项工作是今后工程档案所需的重要内容之一。

9.1.10 目前,预制构件破损修复现象较为普遍,应该从严处理。分部工程及单位工程经返修或加固处理后仍不能满足安全或重要的使用功能时,表明工程质量存在严重的缺陷。重要的使用功能不满足要求时,将导致建筑物无法正常使用。安全不满足要求时,将危及人身健康或财产安全,严重时会存在巨大的安全隐患。因此,对这类工程严禁通过验收,更不得擅自投入使用,需要专门研究处置方案。

9.2 预制构件验收

9.2.1 预制构件质量证明文件包括:

① 预制构件和灌浆套筒生产单位备案证。

② 预制构件和灌浆套筒质量保证书(出厂合格证)。

③ 灌浆套筒外观质量、标识、尺寸偏差检验报告。

④ 钢筋套筒灌浆连接接头试件型式、工艺、抗拉强度检验报告。

⑤ 灌浆料、混凝土强度检验报告及其他重要检验报告等。

预制构件的钢筋和混凝土原材料、预应力材料、保温材料、预埋件等均应参照本标准及国家现行标准的有关规定进行检验,其检验报告在预制构件进场时可不提供,但应在构件生产单位存档保留,以便需要时查阅。按本标准第 9.2.2 条的有关规定,对于进场时不做结构性能检验的预制构件,质量证明文件尚应包括预制构件生产过程的关键验收记录。

对总承包单位制作的预制构件,没有"进场"的验收环节,其材料和制作质量应按本标准各章的规定进行验收。对构件的验收方式为检查构件制作中的质量验收记录。

9.2.2 "同一类型"指同一钢种、同一混凝土强度等级、同一生产工艺和同一结构形式。抽取预制构件时,宜从设计荷载最大、受力最不利或生产数量最多的预制构件中抽取。

本条规定了专业企业生产预制构件进场时的结构性能检验要求。结构性能检验通常应在构件进场时进行。

考虑构件特点及加载检验条件,本条仅提出了梁板类非叠合简支受弯预制构件的结构性能检验要求。本条还对非叠合简支梁板类受弯预制构件提出了结构性能检验的简化条件:大型构件一般指跨度大于 18 m 的构件;可靠应用经验指该单位生产的标准构件在其他工程已多次应用,如预制楼梯、预制空心板、预制双 T 板等;使用数量较少一般指数量在 50 件以内,近期完成的合格结构性能检验报告可作为可靠依据。不做结构性能检验时,尚应符合本条第 4 款的规定。

本条第 2 款的"不单独使用的叠合预制底板"主要包括桁架钢筋叠合底板和各类预应力叠合楼板用薄板、带肋板。由于此类构件刚度较小,且板类构件强度与混凝土强度相关性不大,很难通过加载方式对结构受力性能进行检验,故本条规定可不进行结构性能检验。对于可单独使用,也可作为叠合楼板使用的预应力空心板、双 T 板,按本条第 1 款的规定对构件进行结构性能检验,检验时不浇后浇层,仅检验预制构件。对叠合梁构件,由于情况复杂,本条规定是否进行结构性能检验、结构性能检验的方式由设计确定。

根据本条第 1、2 款的规定,工程中需要做结构性能检验的构件主要有预制梁、预制楼梯、预应力空心板、预应力双 T 板等简支受弯构件。其他预制构件除设计有专门要求外,进场时可不做结构性能检验。

国家标准《混凝土结构工程施工质量验收规范》GB 50204—2015 附录 B 给出了受弯预制构件的抗裂、变形及承载力性能的检验要求和检验方法。

对所有进场时不做结构性能检验的预制构件,可通过施工单位或监理单位代表驻厂监督生产的方式进行质量控制,此时构件进场的质量证明文件应经监督代表确认。当无驻厂监督时,进场时应对预制构件主要受力钢筋数量、规格、间距及混凝土强度、混凝土保护层厚度等进行实体检验,具体可按以下原则执行:

① 实体检验宜采用非破损方法,也可采用破损方法,非破损方法应采用专业仪器并符合国家现行有关标准的规定。

② 检查方法可参考国家标准《混凝土结构工程施工质量验收规范》GB 50204—2015 附录 D、附录 E 的有关规定。

对所有进场时不做结构性能检验的预制构件,进场时的质量证明文件宜增加构件生产过程关键验收记录,如钢筋隐蔽工程验收记录、预应力筋张拉记录等。

9.2.4 预制构件外观质量的严重缺陷按现行国家标准《装配式混凝土建筑技术标准》GB/T 51231 的规定判断。对于出现外观质量严重缺陷、影响结构性能和安装、使用功能的尺寸偏差以及拉结件类别、数量和位置不符合设计要求等情形,应作退场处理。如经设计同意可以进行修理使用,则应制定处理方案并获得监理确认,预制构件生产单位应按技术处理方案处理,处理后应重新验收。

9.2.5 预制构件的预埋件和预留孔洞等应在进场时按设计要求检查,合格后方可使用,避免在构件安装时发现问题造成不必要的损失。

9.2.6 本条规定预制构件表面的标识清晰、可靠,以确保能够识别预制构件的"身份",并可追溯在施工全过程中发生的质量问题。预制构件表面的标识内容一般包括生产单位、构件型号、生产日期、质量验收标志等;如有必要,尚需通过约定标识表示构件在结构中安装的位置和方向、吊运过程中的朝向等。为鼓励技术发展,也可以采用内置芯片或在表面制作二维码的方式,预制构件的所有信息均在芯片或二维码中记录。

9.2.7 预制构件外观质量的一般缺陷按现行国家标准《装配式混凝土建筑技术标准》GB/T 51231 的规定判断。

9.2.8~9.2.11 预制构件尺寸偏差属于工厂的检验内容,本标准不作规定,引用现行国家标准《混凝土结构工程施工质量验收规范》GB 50204 和现行上海市工程建设规范《装配整体式混凝土结构预制构件制作与质量检验规程》DGJ 08—2069 即可。现场验收时应按规定填写检验记录。部分项目不满足标准规定时,可以允许厂家按要求进行修理,但应责令预制构件生产单位制定产品出厂质量管理的预防纠正措施。

预制构件尺寸偏差和预制构件上的预留孔、预留洞、预埋件、预留插筋、键槽位置偏差等基本要求应进行抽样检验。如根据具体工程要求提出高于标准的规定,应按设计要求或合同规定执行。

装配整体式混凝土结构中预制构件与后浇混凝土结合的界面统称为结合面,结合面的表面一般要求在预制构件上设置粗糙面或键槽,粗糙度或键槽尺寸的检测方法可按现行上海市工程建设规范《装配整体式混凝土建筑检测技术标准》DG/TJ 08—2252 执行。

9.3 安装施工与连接验收

9.3.1 当灌浆套筒和(或)灌浆料生产单位作为接头提供单位时,应匹配使用接头提供单位供应的灌浆套筒与灌浆料,接头提供单位的有效接头型式检验报告可作为验收依据。

当施工单位或构件生产单位作为接头提供单位时,应按要求提供施工单位或构件生产单位送检的接头匹配检验报告。匹配检验应在灌浆套筒进厂(场)验收前完成,不得晚于构件生产前。

当灌浆施工中单独更换灌浆料时,应按规定重新进行匹配检验,报告应在灌浆施工前完成。接头匹配检验报告应注明工程名称,报告对具体工程一次有效。如更换灌浆套筒、灌浆料或单独更换灌浆料,更换前后的有关检验报告均应齐全。

未获得有效接头型式检验报告(匹配检验报告)的灌浆套筒与灌浆料不得用于工程,以免造成不必要的损失。

9.3.2~9.3.5 灌浆料、封浆料和座浆料的质量直接影响到装配整体式混凝土结构的质量和安全,因此,使用前应进行复验。如需在低于 5℃ 的气温下灌浆施工及养护,应使用低温型钢筋连接用套筒灌浆料和低温型封浆料。低温型钢筋连接用套筒灌浆料和低温型封浆料的进场复验应符合现行行业标准《钢筋套筒灌浆连接应用技术规程》JGJ 355 的规定。

9.3.6 本条规定了工艺检验的时间点与技术要求,对工程质量控制尤为重要。灌浆套筒埋入预制构件时,应在构件生产前通过工艺检验确定现场灌浆施工的可行性,并通过检验发现问题。灌浆施工前的工艺检验,试件应由施工现场实际灌浆施工人员在见证人员的见证下制作,接头检验报告上应明确灌浆施工人员及其单位。见证人员应重点检查检验用钢筋、套筒和灌浆料与型式检验报告及工程现场实际使用的一致性。

施工单位或构件生产单位作为接头提供单位时,应按现行行业标准《钢筋套筒灌浆连接应用技术规程》JGJ 355 进行接头匹配检验,如现场灌浆施工与匹配检验时的灌浆单位相同,且采用的钢筋相同,可由匹配检验代替同规格接头的工艺检验;如不相同,则应按本条规定完成工艺检验。

接头试件制作应完全模拟现场施工条件,并通过工艺检验确定灌浆料拌合物搅拌、灌浆速度等技术参数。对于半灌浆套筒,工艺检验也是对机械连接端丝头加工、连接安装工艺参数的检验。

不同单位生产的钢筋外形有所不同,可能会影响接头性能,故应分别进行工艺检验。当更换钢筋生产单位,或同一生产单位生产的钢筋外形尺寸与已完成工艺检验的钢筋有较大差异时,应再次进行工艺检验。

更换灌浆施工工艺或灌浆单位,均应再次进行工艺检验。灌浆单位更换包括施工单位更换,也包括专业分包单位更换。

每种规格(牌号、直径)钢筋都要进行工艺检验。对于用500 MPa级钢筋的灌浆套筒连接400 MPa级钢筋的情况,应按实际情况采用400 MPa钢筋制作试件。对于变径接头,应按实际情况制作试件,所有变径情况都要单独制作试件。

9.3.7 本条是检验灌浆套筒质量及接头质量的关键,涉及结构安全。对于埋入预制构件的灌浆套筒,无法在灌浆施工现场截取接头试件,本条规定的检验应在构件生产前完成,预制构件混凝土浇筑前应确认接头试件检验合格。对于不埋入预制构件的灌浆套筒,可在灌浆施工过程中制作平行加工试件,构件混凝土浇筑前应确认接头试件检验合格;为考虑施工周期,宜适当提前制作平行加工试件并完成检验。

第一批检验可与本标准第9.3.6条规定的工艺检验合并进行,工艺检验合格后可免除此批灌浆套筒的接头抽检。本条规定检验的接头试件制作、养护、试验方法和检验结果均应符合现行行业标准《钢筋套筒灌浆连接应用技术规程》JGJ 355的规定。

考虑到套筒灌浆连接接头试件需要养护28 d,本条未对复检作出规定,即应一次检验合格。制作对中连接接头试件应采用工程中实际应用的钢筋,且应在钢筋进场检验合格后进行。对于断于钢筋而抗拉强度小于连接钢筋抗拉强度标准值的接头试件,不应判为不合格,应核查该批钢筋质量、加载过程是否存在问题,并再次制作3个对中连接接头试件并重新检验。

9.3.8 为加强套筒灌浆连接施工的质量控制,增加现场灌浆平行加工接头试件的检验。预制构件运至现场时,应携带足够数量的全灌浆套筒或半灌浆套筒半成品,半灌浆套筒的机械连接端钢筋应在构件生产单位完成连接加工。现场所有接头试件都应在监理单位见证下由现场灌浆工随施工进度平行制作,应彻底杜绝提前加工接头试件的情况发生。接头试件的制作地点宜为灌浆楼层的作业面,也可为施工现场的其他地点。

9.3.9 灌浆料强度是影响连接接头受力性能的关键。本条是在灌浆料按批进场检验合格的基础上提出的,要求按工作班进行,且每楼层取样不少于3次。灌浆料强度试件养护条件及龄期应符合相关标准的要求。

9.3.10 本条强调灌浆饱满性的过程管控,施工单位在灌浆施工过程中采取可靠手段对钢筋套筒灌浆连接接头灌浆饱满性进行过程监测。当采用具有补浆功能的透明器具进行灌浆饱满性监测时,可将透明器具中的灌浆料留作实体强度检验的试件。

9.3.11 钢筋采用套筒灌浆连接时,灌浆饱满、密实是灌浆质量的基本要求。对于现浇与预制转换层,存在质量隐患的可能性较大,故应在不少于5个预制构件上随机抽取15个套筒,采用可靠方法进行灌浆饱满性实体抽检;后续施工时,每层应在3个预制构件上随机抽取不少于3个套筒,采用可靠方法进行灌浆饱满性实体抽检。

9.3.12 灌浆施工质量直接影响套筒灌浆连接接头受力,当施工过程中灌浆料抗压强度、灌浆接头抗拉强度、灌浆饱满性不符合要求时,可按本条规定进行处理。本条规定是根据现行国家标准《建筑工程施工质量验收统一标准》GB 50300 第5.0.6条、《混凝土结构工程施工质量验收规范》GB 50204 第10.2.2条对施工质量不符合要求的有关处理规定提出的。

9.3.13 装配整体式混凝土结构节点区的后浇混凝土质量控制非常重要,不但要求其与预制构件的结合面紧密结合,还要求其自身浇筑密实,更重要的是要控制混凝土强度指标。

9.3.14 接缝采用坐浆连接时,如果希望坐浆料满足竖向传力要求,则应对坐浆料的强度提出明确的设计要求。施工时应采取措施确保坐浆料在接缝部位饱满密实,并加强养护。坐浆料强度试件应在(20±1)℃的养护水中进行标准养护。

9.3.16 可采用小直径、高频率换能器,换能器的辐射端直径不超过20.0 mm,工作频率不低于250 kHz,能较好地适应预制构件底部接缝的构造特点。检测方法按现行上海市工程建设规范《装配整体式混凝土建筑检测技术标准》DG/TJ 08—2252执行。

9.3.17 叠合剪力墙是一种叠合构件,易出现空腔内后浇混凝土浇筑不密实的质量问题,超声法是用于目前混凝土构件内部缺陷检测的较为成熟的方法。采用超声法检验时,应在每个构件底部1 000 mm高度范围内连续布置测区,并应按现行国家标准《混凝土结构现场检测技术标准》GB/T 50784规定的方法进行测点布置、数据处理及判定。所有测点无声学参数异常点时,叠合剪力墙内混凝土成型质量可判为合格。当超声法检验结果存在声学参数异常点时,可采用局部剥离法检验,也可采用国家现行标准规定的其他检验方法。

9.3.18、9.3.19 装配整体式混凝土结构中,钢筋采用焊接连接或机械连接时,大多数情况下无法现场截取试件进行检验,可采取模拟现场条件制作平行试件替代原位截取试件。平行试件的检验数量和试验方法应符合现场截取试件的要求,平行试件的制作必须要有质量管理措施,并保证其具有代表性。

9.3.22 装配整体式混凝土结构采用螺栓连接时,螺栓、螺母、垫片等材料的进场验收应符合现行国家标准《钢结构工程施工质量验收标准》GB 50205的有关规定。施工时应分批逐个检查螺栓的拧紧力矩,并做好施工记录。

9.3.23 建筑密封胶是外墙接缝防水的第一道防线,其性能直接关系到工程防水效果,因此使用前需进行复验。本条规定了外墙板接缝处密封材料现场抽样数量和复验项目的要求。

相容性、耐久性、污染性性能检测可参照现行团体标准《装配式建筑密封胶应用技术规程》T/CECS 655 的有关规定执行,同一工程、同一品种、同一类型、同一级别的密封胶和同一基材、同一背衬材料在使用前应复验一次。检验使用的密封胶、背衬材料和基层材料应与该工程实际应用的一致。

9.3.25、9.3.26 装配整体式混凝土结构的接缝防水施工是保证装配式外墙防水性能的关键,施工时应按设计要求进行选材和施工,并采取严格的检验验证措施。考虑到此项验收内容与结构施工密切相关,应按设计及有关防水施工要求进行验收。

外墙板接缝的现场淋水试验应在精装修进场前完成,某处淋水试验结束后,若背水面存在渗漏现象,应对该检验批的全部外墙板接缝进行淋水试验,并对所有渗漏点进行整改处理,并在整改完成后重新对渗漏的部位进行淋水试验,直至不再出现渗漏点。

9.3.28 临时固定措施是装配整体式混凝土结构安装过程中承受施工荷载、保证构件定位、确保施工安全的有效措施。临时支撑是常用的临时固定措施,包括水平构件下方的临时竖向支撑、水平构件两端支撑构件上设置的临时牛腿以及竖向构件的临时斜撑等。

9.3.29 装配式结构分项工程外观质量的严重缺陷按现行国家标准《装配式混凝土建筑技术标准》GB/T 51231 的规定判断。

9.3.30 装配式结构分项工程外观质量的一般缺陷按现行国家标准《装配式混凝土建筑技术标准》GB/T 51231 的规定判断。

9.3.31 预制构件安装完成后尺寸偏差应符合本标准表 9.3.27 的要求。安装过程中,宜采取相应措施从严控制,方可保证完成后的尺寸偏差要求。当预制构件中用于连接的外伸钢筋定位精度有特别要求时,如与灌浆套筒连接的钢筋,预制构件安装尺寸偏差尚应与连接钢筋的定位要求相协调。

9.3.32 当设计无要求时,空腔预制柱和空腔预制墙对容许偏差可参考表 1 和表 2 的规定。

表 1 空腔预制柱现场预留插筋安装允许偏差

项目		允许偏差(mm)	检验方法
空腔预制柱的现场预留插筋	中心线位置	5	尺量
	外露长度	+10,0	尺量

表 2 空腔预制墙水平及竖向连接钢筋加工、安装允许偏差

项目		允许偏差(mm)	检验方法
水平及竖向连接钢筋	加工长度	+20,−5	尺量
	(环状筋)加工宽度	0,−5	尺量
	锚固长度	−20	尺量
	间距	±10	尺量连续三档取最大偏差值
(竖向)连接钢筋	中心位置	5	尺量
	外露部分垂直度	5	吊线,尺量

10 施工安全控制

10.1 一般规定

10.1.4 施工单位应对从事装配式混凝土结构施工作业的预制构件安装操作人员、钢筋套筒灌浆连接操作人员、预制外墙密封施工操作人员进行安全培训与交底,明确预制构件进场、卸车、堆放、吊装、就位、拆撑等各环节的作业风险,并采取相应的安全技术措施。

10.2 施工安全

10.2.1 本条对预制构件吊装进行了规定:

1 吊装作业应划定危险区域,挂设明显安全标志,并将吊装作业区封闭,设专人加强安全警戒,防止其他人员进入吊装危险区。

2 规定了吊升阶段为防止高空坠物,在吊装区域下方的警示区域和监护要求。

3 吊机操作规定,不得运行的恶劣气候,必须停止吊装作业。

4 构件吊运时,吊机回转半径范围内,为非作业人员禁止入内区域,以防坠物伤人。

5 构件吊装时钢丝绳应垂直于构件吊钩(吊点),以使受力点处于合理状态。吊钩(吊点)设计位于单件构件重心部位。

10.2.5 装配式混凝土结构施工安全防护应满足下列规定:

① 装配整体式混凝土结构施工提倡采用非传统的落地脚手

架的围挡或安全防护操作架,这是现场施工、作业环境和装配式方式的技术进步和节约型绿色施工的需要。考虑到目前外墙构件类型和装配整体式起步阶段的实际状况,可让步接受传统的落地脚手架施工方式。

② 按照安全规定和要求,建筑施工楼层围挡高度不低于1.5 m,施工顺序采用先连接结构板梁或墙钢筋绑扎时,超过安全操作高度,作业人员必须佩戴穿芯自锁保险带。

③ 条文明确了安全防护和安全隔离时,设置防护的高度应按照安全标准的要求执行。

④ 安全围挡固定在结构或构件上,受力节点和材料根据构件和结构实际形式,通常经计算、验算后确定连接节点和做法。

⑤ 按顺时针或逆时针有顺序地吊装,可以避免临边空洞出现,保证吊装过程中的安全防范。

⑥ 预制构件或体系适合于操作架的形式,操作架的架体经计算符合受力要求,架身组合后,经验收、挂牌后方可使用。

11 绿色施工

11.1 一般规定

11.1.1 装配整体式混凝土结构施工应符合现行国家标准《建筑工程绿色施工规范》GB/T 50905,以及现行上海市工程建设规范《建筑工程绿色施工评价标准》DG/TJ 08—2262、《建设工程绿色施工管理规范》DG/TJ 08—2129 的相关规定。

11.1.2 装配整体式混凝土结构绿色施工应满足现行国家标准《建筑节能工程施工质量验收标准》GB 50411 和现行上海市工程建设规范《建筑节能工程施工质量验收规程》DGJ 08—113 等标准的规定;上海市已制定和实施《上海市建筑节能项目专项扶持办法》《关于加快推进本市住宅产业化的若干意见》等,实施装配整体式混凝土结构绿色施工的相关技术经济政策,可结合对照执行。

11.1.3 鼓励外围护部品多样化,并实现围护、装饰、保温及窗框集成化;鼓励采用装配式楼地面、干法墙面和管线分离,减少现场湿作业及开孔剔槽;鼓励采用全装修、集成厨房、集成卫生间、内隔墙非砌(浇)筑;鼓励装配式结构体系多样化,除剪力墙结构、框架结构、框剪结构外,还包括混合结构、框架支撑结构等;鼓励选用适应装配化施工的构件连接做法,减少传统湿式连接做法;鼓励"免抹灰、免模板、免支撑"高效建造体系,减少人工、减少建筑垃圾。

11.1.4 装配整体式混凝土结构施工保温材料的品种和规格应符合现行国家标准《建筑设计防火规范》GB 50016,以及现行上海市工程建设规范《预制混凝土夹心保温外墙板应用技术标准》

DG/TJ 08—2158 的相关规定。

11. 2 节能环保与信息化施工

11. 2. 1 本条对节材及材料利用进行了规定：

1 装配整体式混凝土结构施工所需的构配件及材料，应根据施工现场进度计划、材料使用时点、库存情况等制订采购和使用计划。

2 现场材料有序堆放，构件按照吊装顺序堆放，方便吊装作业，提高施工效率。同时，应满足材料存储的要求，保证材料质量。

3 鼓励选用本地化建材，是减少运输过程的资源和能源消耗、降低环境污染的重要手段之一。500 km 是指建筑材料的最后一个生产工厂或场地到施工现场的运输距离。

4 预制阳台、叠合板、叠合梁等水平预制构件，可采用工具式支撑体系替代普遍使用的满堂脚手架体系，以提高周转效率和使用效率。

5 选择耐用、可周转及方便维护拆卸的调节杆、限位器等临时固定和校正工具，可减少施工中材料工具损耗，降低施工成本。

6 采用定型工具式模板有利于提高施工效率，利于周转、降低成本。

11. 2. 3 节能及能源利用应符合下列规定：

1 合理安排施工顺序及施工区域，减少作业区机械设备数量，避免造成不必要机械损耗和浪费。

2 选用适当的驳运车辆，构件类型合理组合搭配，可充分利用车辆空间，减少运输车次，降低构件车辆驳运耗能。

3 为了避免预制外墙板出现冷（热）桥效应，预制混凝土叠合夹心保温墙板和夹心保温外墙板内外混凝土之间的连接不宜采用传递冷（热）桥的材料。

11.2.4 根据预制构件吊装位置,就近布置堆放场地,避免二次搬运耗能。

11.2.5 施工现场易扬尘材料运输、存储方式常见的有封闭式货车运输、袋装运输、库房存储、袋装存储、封闭式料池、料斗或料仓存储、封闭覆盖等方式,具有防尘、防变质、防遗撒等作用,降低材料损耗。

11.2.6 构件装配时,施工楼层与地面选用对讲设备等低噪声器具或设备,减少施工现场噪声。

11.2.7 水污染控制应符合下列规定:

1 施工现场要设置废弃物临时置放点,并指定专人管理。专人管理负责废弃物的分类、放置及管理工作,废弃物清运应符合有关规定。

2 底涂液、密封胶等液体材料如包装不严密,挥发固化型密封材料中的溶剂和水分挥发会产生固化。反应固化型密封材料如与空气接触会产生凝胶,造成污染与材料浪费。

11.2.8 内保温材料应无放射性物质。材料进场后,应取样送样检测,合格后方能使用。

11.2.9 各责任主体单位应采用信息化管理及检验手段,通过信息化平台形成相关记录,提高装配整体式混凝土结构工程管理效率,提升信息化水平。

11.2.10 装配式建筑涉及设计、生产、运输、施工阶段,其中设计阶段包括建筑、结构、机电等各专业设计,也包括经原设计确认的各专业深化设计;生产阶段包括装配构件的模板、钢筋、预应力(如有)、混凝土、装配式结构等分项工程的各施工阶段,宜包括装配式建筑的构件生产和装修、机电一体化施工的各阶段;施工阶段包括装配式结构吊装、安装、连接,装配式建筑除吊装、安装、连接之外,宜包括装配式建筑之间的建筑、装修、机电一体化连接。装配式构件只涉及建筑、结构方面的质量信息,而装配式建筑除建筑、结构之外,还包括装修、机电一体化质量信息。

11.2.11 为了满足建设工程竣工档案的有关要求,并保证工程质量信息的相对独立性,装配式建筑质量信息系统应尽可能与档案要求一致。其中,当工程能够划分出单位(子单位)工程时,应优先以单位(子单位)工程为单元来建立装配式建筑质量信息系统,对于复杂的单位工程有时可能会根据子功能、专业、部位等要求划分为子单位工程,并由不同的专业分包单位负责建设,此时可按子单位工程为单元建立质量信息子系统,然后再由单位或建设单位纳入单位工程质量信息系统;对于诸如主体结构独立而地下结构连通的大型工程和群体工程,能够以结构缝划分出单位(子单位)工程的,也应优先按单位(子单位)工程为单元建立质量信息系统,不便于划分时可按项目为单元建立。装配式建筑仅为建筑物中的一个组成部分,因此,其质量信息应纳入相应工程质量信息系统。